Cepheid

세페이드

영재학교/과학교

모의고사 [과학] 5회분

★ ★ ★ ★ ★

세페이드 시리즈의 구성

이제 편안하게 과학공부를 즐길 수 있습니다.

1F
중등과학 기초
물리학 · 화학 (초5~6)

2F
중등과학 완성
물 · 화 · 생 · 지 (중1~2)

3F
고등과학 Ⅰ
물 · 화 · 생 · 지 (중2~1)

4F
고등과학 Ⅱ
물 · 화 · 생 · 지 (중3~고1)

5F
실전 문제 풀이
물 · 화 · 생 · 지 (중3~고1)

세페이드
모의고사

세페이드
고등 통합과학

세페이드
고등학교 물리학 Ⅰ

http://cafe.naver.com/creativeini

c o n t e n t s

영재학교/과학고 **모의고사** 과학 5회분

창/의/력/과/학
세페이드

CEPHED

창/의/력/과/학

세페이드

영재학교/과학고 모의고사

1회

정답, 해설 및 배점표　　　02

[주의 사항]
1. 정답과 함께 풀이 과정을 정확하고 논리적으로 서술하시오.
2. 필요 시 도표나 그림을 그려도 무방합니다.
3. 시간을 잘 배분하여 제한 시간을 엄수하시오.

01 원형 고리 자석 3 개를 막대에 끼워 놓아 두었더니 그림과 같이 자석 C 는 밑면에 밀착한 상태로, 자석 A, B 는 공중에 뜬 상태로 정지 상태를 유지했다.

이 상태에서 자석 A 와 B 사이에 작용하는 자기력이 5 N, 자석 A 와 C 사이에 작용하는 자기력이 1 N, 자석 B 와 C 사이에 작용하는 자기력이 7 N 이라면 자석 A 와 B 의 무게는 각각 몇 N 일지 답하시오.

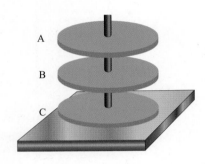

02 다음 그림과 같이 마찰이 없는 평면 위에서 물체가 반원을 따라 시계 방향으로 원운동하고 있다. 이때 점 A 부터 점 D 까지 일정한 속력으로 운동하였으며, 점 B 와 C 는 반원의 길이를 3 등분한 지점이다. 물체가 점 A 에서 점 B 로 이동하는 동안의 평균 가속도의 크기를 a_{AB}, 점 A 에서 점 C 로 이동하는 동안의 평균 가속도의 크기를 a_{AC}, 점 A 에서 점 D 로 이동하는 동안의 평균 가속도의 크기를 a_{AD} 라고 할 때 $a_{AB} : a_{AC} : a_{AD}$ 를 구하시오.

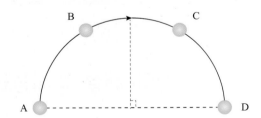

03 그림은 작은 공을 수면으로부터 0.2 m 깊이의 지점에서 놓았을 때, 공이 떠오르다가 수면 위로 튀어 오르는 모습을 나타낸 것이다. 공의 밀도가 물의 밀도의 0.5 배일 때, 공은 수면으로부터 얼마나 높이 튀어 오르는가? (단, 물의 밀도 $\rho_{물}$ = 1.0 × 10^3 kg/m³, g = 10 m/s² 이고, 물의 저항과 물결파는 무시한다.)

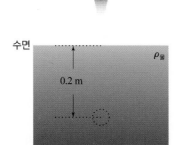

04 그림처럼 P 점에서 질량 m 의 물체가 마찰이 없는 곡면을 타고 미끄러져 내려와서 지면의 작은 원을 따라 운동한다. 중력 가속도가 g 일 때 다음 물음에 답하시오.

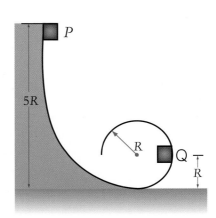

(1) P 점의 높이가 $5R$ 이고 Q 점의 높이가 R 일 때, 질량 m 의 물체가 P 점에서 정지한 상태에서 출발한다면 Q 점에 도달했을 때 물체가 받는 힘의 크기를 구하시오.

(2) 물체가 지면의 작은 원에 도달했을 때 궤도에서 이탈하지 않으려면 물체가 운동을 시작하는 곳의 높이는 최소한 얼마가 되어야 할까?

05 겨울철 날씨가 추워지면 강의 얼음의 두께는 두꺼워지지만 강 바닥 쪽은 얼지 않고, 물고기가 살아서 활동한다. 강물이 흐르지 않고, 추운 날씨가 계속된다면 강 표면의 얼음은 계속 두꺼워질 것이다. 추운 날씨가 계속되는 경우 강 표면의 얼음이 두꺼워지는 속도를 알아보기 위해서 아래 그림과 같이 생각하였다. 그림은 열이 빠져나가지 못하는 그릇에 물을 담고 -15 ℃ 의 대기 중에 놓아서 두께가 10 cm 인 얼음이 표면에만 얼어 있는 상태이다. 얼음의 열전도율을 0.004 cal/cm·s·℃, 밀도 0.9 g/cm³, 비열 0.5 cal/g℃, 융해열 80 cal/g 으로 하고 다음 물음에 답하시오.

(1) 기온이 −15 ℃ 가 계속 유지되면 얼음이 점차 두꺼워지는데 얼음은 한 시간 당 얼마씩 두꺼워지는
   지 답하시오.

(2) 강물이 얼 때 강 표면부터 어는 이유를 서술하시오.

06 저항이 같은 동일한 전구 A, B, C, D 4 개와 스위치, 전지를 그림과 같이 저항이 없는 도선으로 연결하였다. 현재 스위치 S_1, S_2는 열려 있는 상태이다. 전지의 내부 저항을 무시할 때 다음 물음에 답하시오.

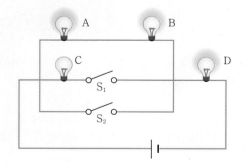

(1) 스위치 S_1을 닫을 때 각 전구의 밝기 변화를 쓰시오.

(2) 스위치 S_1과 S_2를 모두 닫을 때 각 전구의 밝기는 어떻게 되는지 쓰시오.

07 그림과 같이 자기장이 중력 방향과 수직으로 들어가는 방향으로 형성되어 있는 공간에서 한 변의 길이가 l 인 정사각형 도선이 중력 방향으로 낙하할 때, 그림과 같이 자기장 영역의 경계에서 도선의 속력이 일정한 운동을 했다. 영역 내에서 자기장의 세기는 B 로 균일하다고 하고, 정사각형 도선의 전체 저항을 R, 질량을 m 이라 하고 중력 가속도는 g 일 때 다음 물음에 답하시오.

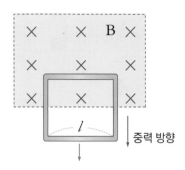

중력 방향

(1) 도선에 유도되는 유도 전류의 방향과 그 크기를 구하시오.

(2) 도선이 소비하는 전력 P를 구하시오.

08 오른쪽 그림과 같이 기주 공명관을 장치하고 서로 다른 A, B 두 개의 소리굽쇠를 사용하여 소리의 공명 실험을 하여 다음과 같은 결과를 얻었다.

소리 굽쇠

유리관

[결과 1] A, B 두 개의 소리굽쇠를 동시에 울렸더니 2 초 사이에 15 회의 맥놀이 현상이 일어났다.

[결과 2] A, B 두 개의 소리굽쇠를 관의 입구 가까이에서 울렸더니 물의 높이가 다음과 같은 위치(l)에서 관에서 큰 소리가 났다.

l (cm)	A	B
처음 위치(l_1)	38.0	39.5
두 번째 위치(l_2)	118.0	122.5
세 번째 위치(l_3)	198.0	205.5

(1) 소리굽쇠 A, B 에서 발생하는 소리의 파장은 각각 얼마인가?

(2) 소리굽쇠 A, B 의 진동수는 각각 얼마인가?

09 그림 (가)와 같이 용기의 왼쪽에는 헬륨(He)기체 2.4 g, 오른쪽에는 산소 기체(O₂) A몰이 들어 있다. 용기 안의 피스톤은 양쪽의 압력이 같아지도록 움직인다. 온도를 일정하게 유지하며 용기의 오른쪽에 B g 의 산소를 더 넣었더니 그림 (나)와 같이 되었다.

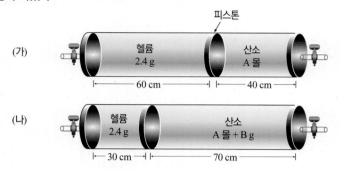

이때 더 넣어준 산소의 질량 B 는 몇 g 인가? (단, He 과 O의 원자량은 각각 4, 16이다.)

10 다음은 탄산 칼슘과 묽은 염산의 반응식을 통해 탄산 칼슘의 화학식량을 구하기 위한 실험이다.

〈실험 과정〉

1. 탄산 칼슘 가루의 질량(w_1)을 측정한다.

2. 충분한 양의 10 % 염산을 삼각 플라스크에 넣고 질량(w_2)을 측정한다.

3. 질량을 측정한 탄산 칼슘을 10 % 염산에 조금씩 넣는다.

4. 반응이 완전히 끝난 후 용액이 들어 있는 삼각 플라스크의 질량(w_3)을 측정한다.

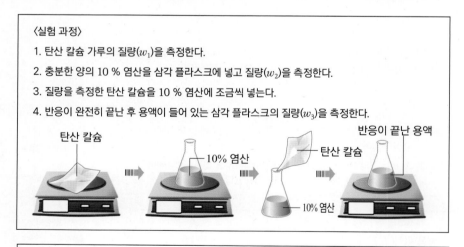

$$CaCO_3(s) + 2HCl(aq) \longrightarrow CaCl_2(aq) + CO_2(g) + H_2O(l)$$

이 실험에서 발생한 이산화 탄소의 화학식량을 M 이라고 했을 때, 탄산 칼슘의 화학식량을 구하는 식을 풀이과정과 함께 구하시오. (단, 사용한 10 % 염산의 양은 탄산 칼슘이 모두 반응하기에 충분하다.)

11 아자이드화 소듐(NaN_3)은 자동차의 에어백에 사용된다. 충돌의 충격으로 NaN_3 는 다음과 같이 분해된다.

$$2NaN_3(s) \longrightarrow 2Na(s) + 3N_2(g)$$

순간적으로 생성된 질소 기체는 운전자와 앞 유리 사이에 에어백을 팽창시킨다. 60.0 g 의 NaN_3 의 분해로 인해 80 ℃, 823 mmHg 에서 생성된 N_2 기체의 부피를 구하시오. (단, N, Na의 원자량은 각각 14, 23 이며, 기체상수 R = 0.082 atm·L/mol·K 이다.)

12 다음은 흑연과 다이아몬드의 결합 모형 및 엔탈피 변화를 나타낸 것이다.

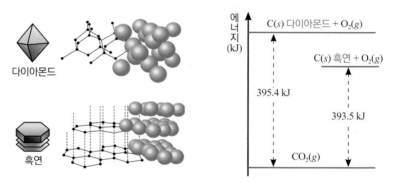

25 ℃ 에서 다이아몬드 5 mol 과 흑연 2 mol 이 완전 연소하였다. 다음 물음에 답하시오.

(1) 다이아몬드 5 mol 과 흑연 2 mol 이 완전 연소할 때 발생하는 총 열량(Q)을 계산하시오.

(2) 주위가 비열 1 J/g·℃ 의 공기로 채워져 있는 부피 1000 m^3 의 밀폐된 공간이라고 가정할 때, 연소 후 주위 온도는 몇 ℃ 가 되겠는가? (단, 공기 1몰의 부피는 25 L (25×10^{-3} m^3), 공기 1몰의 질량은 29 g 이다.)

13 다음 제시문을 읽고 물음에 답하시오.

> 물은 증기 압력이 외부 압력과 같을 때 끓게 된다. 대기압(1 기압)에서 100 ℃ 일 때 물이 끓게 되는
> 데, 이는 100 ℃ 에서 물의 증기압이 1 기압이기 때문이다. 순수한 물에 설탕과 같은 용질을 넣으면,
> 설탕 입자가 물이 증발하는 것을 방해하여 100 ℃ 가 되더라도 증기 압력이 1 기압이 안되기 때문
> 에 끓지 않는다. 온도가 100 ℃ 이상에서 증기 압력이 1기압이 된다. 끓는점이 올라가는 것이다.
>
> * 상온에서 물 100 g 에 설탕 34.2 g, 소금 5.85 g 을 녹인 비커 A와 B가 있다. (단, 설탕의 분자
> 량은 342, 소금의 화학식량은 58.5이다.)

(1) 1 M 설탕물과 비커 A 수용액 중 어느 것이 끓는점이 더 높을지 이유와 함께 쓰시오.

(2) 끓는점을 비교할 때는 몰 농도와 몰랄 농도 중 어느 것을 사용하는 것이 더 적당할지 이유와 함께 적으시
오.

(3) 끓는점은 비커 A 수용액과 비커 B 수용액 중 어느 것이 높은지 이유와 함께 설명하시오.

14 그림은 브로민 분자(Br_2)의 분자량과 자연 존재비를 나타낸 것이다. 이 자
료로 추론하여 다음 물음에 답하시오.

(1) 브로민 원자(Br) 동위 원소의 개수를 쓰고, 각각의 질량을
구하시오.

(2) HBr은 몇 가지 종류의 분자량을 가질 수 있는가?

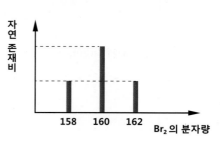

15 다음 제시문을 읽고 물음에 답하시오.

> 조선시대 중죄인을 처벌하는 방법 중 사약을 내리는 형벌이 있었다. 기록으로는 사약의 성분이 전해지지 않으나, 비소를 가공해서 만든 비상이 주성분인 것으로 추정된다. 선조들은 은수저를 이용해 음식물에 비상을 넣었는지 검사를 했다. 비상은 비소와 황의 화합물 (As_2S_3 : 석황, AsS : 계관석)로 이루어졌는데, 은수저를 넣으면 비상 속의 황화 이온(S^{2-})과 은이 반응하여 검은색의 황화은(Ag_2S)이 생성되므로 은수저가 검게 변하는 것이다.

(1) 비상과 은의 반응에서 산화된 것과 환원된 물질을 적으시오.

(2) 옛날에도 은은 귀금속으로 은수저는 궁중이나 양반집에서 귀금속의 가치와 독극물 검출의 용도로 이용했다. 그러면 왜 더 귀한 금수저를 사용하지 않고 은수저를 사용했을까?

(3) 계란찜을 은수저로 먹으면 은수저가 검게 변한다. 왜 그럴까?

(4) 계란찜을 먹고 검게 변한 은수저가 있다. 어떻게 하면 검게 변한 은수저를 다시 반짝반짝 빛나게 할 수 있을지 아래 도구를 이용해서 그 방법을 설계하고, 그 원리를 설명하시오.

> 베이킹 파우더($NaHCO_3$), 알루미늄 호일, 물, 녹슨 은수저, 냄비, 가스레인지

16 비누를 오래 쓰지 않고 방치해 놓았을 경우 표면에 흰 가루가 생기는 것을 알 수 있다. 다음 물음에 답하시오.

(1) 위 현상의 화학 반응식은 다음과 같다. (   )에 알맞은 화합물을 쓰시오.

$$2NaOH + CO_2 \longrightarrow (\qquad) + H_2O$$

(2) 흰 가루가 어떻게 만들어지는지 설명하시오.

17 다음 그림은 현무암질 마그마가 식으면서 정출되는 광물의 종류와 마그마의 SiO_2 함량비를 나타낸 것이다.

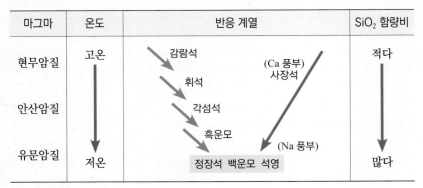

(1) 이에 대한 해석으로 옳은 것을 <보기>에서 있는 대로 고르시오.

보기

ㄱ. 마그마는 현무암질 → 안산암질 → 유문암질 순으로 분화한다.
ㄴ. 유색 광물은 주로 분화 말기에 정출된다.
ㄷ. 분화가 진행됨에 따라 용암의 점성이 커진다.

(2) 온도가 냉각됨에 따라 정출되는 광물에 대한 설명으로 옳지 않은 것은?

① 화강암에 포함된 사장석은 Na-사장석이다.
② 화강암은 마그마의 분화 과정 후기에서 생성된 암석이다.
③ 화성암에는 철질 광물과 규장질 광물이 함께 산출될 수 있다.
④ 감람석이 많이 포함되어 있는 화성암에는 석영도 많이 들어 있다.
⑤ 저온에서 정출된 광물은 고온에서 정출된 광물보다 풍화에 강하다.

18 어느 마을에서 쓰레기 매립장을 건설하려고 한다. 다음 그림과 같은 지층 구조를 보이는 지역에서 A, B 두 곳이 후보지로 거론되고 있다.

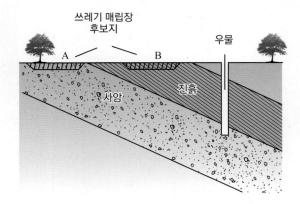

A, B 두 곳 중에서 쓰레기 매립장으로 적절한 곳을 고르고, 그 이유를 두 곳의 지질학적인 조건과 비교하여 설명하시오.

19   그림은 북아메리카 북동부를 덮고 있던 빙하가 녹은 후 최근 6000년 동안의 해발 고도 변화량을 나타낸 것이다. 다음 물음에 답하시오.

(1) B 지역 해발 고도의 평균 변화율(cm/년)을 구하시오.

(2) 이 지역에서 일어난 지질학적 변화에 대하여 서술하시오.

20   다음은 변환 단층과 주향 이동 단층에 대한 설명이다. 다음 물음에 답하시오.

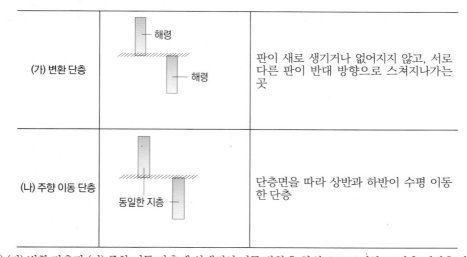

(가) 변환 단층	해령 해령	판이 새로 생기거나 없어지지 않고, 서로 다른 판이 반대 방향으로 스쳐지나가는 곳
(나) 주향 이동 단층	동일한 지층	단층면을 따라 상반과 하반이 수평 이동한 단층

(1) (가) 변환 단층과 (나) 주향 이동 단층에 상대적인 이동 방향을 화살표로 표시하고, 단층 지역을 나타내시오.

(가) 변환 단층   (나) 주향 이동 단층

(2) 변환 단층과 주향 이동 단층의 공통점과 차이점을 서술하시오.

21 다음은 해수의 연직 순환을 알아보기 위한 실험 과정을 나타낸 것이다. 물음에 답하시오.

[과정]
A. 수조에 물을 채우고, 바닥에 작은 구멍이 뚫린 종이컵을 그림과 같이 수조에 투명 테이프로 고정시킨다.
B. 푸른색 잉크를 섞은 소금물을 종이컵에 조금씩 천천히 부으면서, 수조에서 일어나는 현상을 관찰한다.

[결과]
푸른색 잉크를 섞은 소금물이 바닥으로 가라앉는 현상을 볼 수 있었다.

(1) 왜 위와 같은 결과가 나타나는지 설명하시오.

(2) 이 실험에서 푸른색 잉크를 섞은 소금물이 더 잘 가라앉게 할 수 있는 방법을 있는 대로 모두 쓰시오.

(3) 이 실험으로부터 실험과 같은 해수의 침강이 주로 일어날 것으로 생각되는 위도는 저위도, 중위도, 고위도 중 어느 곳인가? 또, 그렇게 생각하는 이유는 무엇인가?

22 영재는 작은 비닐하우스 화원을 운영하고 있었다. 어느 날 실수로 비닐하우스 출입문을 닫지 않고 저녁을 먹다 깜짝 놀라 비닐하우스로 달려가 온도계와 습도계를 확인해 보니 온도는 10℃ 였고, 습도는 60% 였다. 영재는 비닐하우스 출입문을 황급히 닫고 보일러를 가동시켰고, 온도와 습도 조절 장치의 온도를 18℃, 습도를 80% 로 설정하였다.
설정한 온도와 습도에 도달하기 위해 비닐하우스에 추가로 필요한 수증기량은 몇 g 인지 다음의 기온과 포화 수증기량과의 관계를 나타낸 표를 참고하여 구하시오. (단, 비닐 하우스의 부피는 50 m³ 이다.)

[기온에 따른 포화 수증기량]

기온(℃)	0	2	4	6	8	10	12	14	16
포화수증기량 (g/m³)	4.8	5.6	6.4	7.3	8.3	9.4	10.7	12.1	13.6
기온(℃)	18	20	22	24	26	28	30	32	34
포화수증기량 (g/m³)	15.4	17.3	19.4	21.8	24.4	27.3	30.4	33.8	37.6

23 북반구에 위치한 서울에서 달을 보았을 때와 남반구에 위치한 호주에서 달을 보았을 때를 생각해 보고, 다음 물음에 답하시오.

(1) 서울에 살고 있는 은재는 호주 캘거리(Kalgoorlie)에 사는 미희로부터 전화를 받았다. 하늘에 예쁜 달이 떴다는 미희의 이야기를 듣고 은재가 창밖을 내다보니 초승달이 보였다. 같은 시간에 호주에서 미희가 보고 있는 달의 모양을 그려 보시오.

(2) 서울에서 초승달이 뜨고 지는 모습을 그려보고, 은재가 관측 가능한 시각과 방향을 적어 보시오. (《예》 ○ 쪽 하늘 몇 ○시)

24 표 (가)는 어느 해 4월 7일 초저녁에 관찰한 화성, 목성, 토성의 겉보기 등급과 날짜별 월몰 시각을 나타낸 것이고, 그림 (나)는 이날 행성의 위치와 4월 5일 ~ 4월 7일 사이 달의 위치를 나타낸 것이다. 물음에 답하시오.

행성의 밝기

행 성	겉보기 등 급
화 성	1.5 등급
목 성	−2.5 등급
토 성	0.3 등급

날짜별 월몰 시각

날 짜	월몰 시각
4월 5일	18 : 15
4월 6일	19 : 08
4월 7일	20 : 01

(가)

(나)

(1) 행성들이 대부분 황도 부근에서 관측되는 이유는 무엇인가?

(2) 이날 화성, 목성, 토성 중 가장 밝게 보이는 행성은 가장 어둡게 보이는 행성에 비해 밝기가 몇 배인가?

(3) 4월 5일부터 7일 사이에 달이 지평면 아래로 지는 시각은 어떻게 달라지며, 또 그 이유는 무엇인가?

25 중동호흡기증후군인 메르스 코로나바이러스(MERS corona virus)는 2012년 사우디아라비아에서 처음 발견된 뒤 중동 지역에서 집중적으로 발생한 바이러스로, 그후 전 세계로 확산되며 8000명 가까운 사망자를 낸 사스(중증급성호흡기증후군)와 유사한 바이러스이다. 잠복기가 1주일 가량이며 사스와 마찬가지로 고열, 기침, 호흡 곤란 등 심한 호흡기 증상을 일으킨다. 다음의 물음에 답하시오.

(1) 메르스 바이러스는 인간의 몸을 숙주로 삼아 기생한다. 메르스와 같은 바이러스가 스스로 물질대사를 하지 못하고 기생하는 이유는 무엇일까?

(2) 생물과 무생물의 중간형인 바이러스를 지구상에 출현한 최초의 생물체로 보지 않는다. 그 이유를 서술하시오.

26 세포 소기관이 파괴되지 않을 정도로 동물 세포의 세포막을 파쇄한 후, 그림과 같이 단계별로 상층액을 원심분리하여 세포 소기관이 들어 있는 침전물의 성분을 분석하였다.

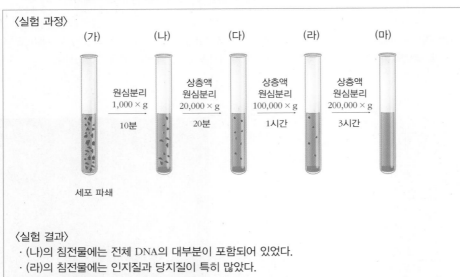

〈실험 과정〉
(가) (나) (다) (라) (마)

원심분리 1,000 × g 10분
상층액 원심분리 20,000 × g 20분
상층액 원심분리 100,000 × g 1시간
상층액 원심분리 200,000 × g 3시간

세포 파쇄

〈실험 결과〉
· (나)의 침전물에는 전체 DNA의 대부분이 포함되어 있었다.
· (라)의 침전물에는 인지질과 당지질이 특히 많았다.
· (마)의 침전물에는 주로 RNA와 단백질이 포함되어 있었다.

위의 실험에서 각 시험관의 침전물에 주로 들어 있는 세포 소기관에 대한 설명으로 옳은 것을 고르고 그 이유를 쓰시오. (단, 세포 소기관은 미토콘드리아, 소포체, 리보솜, 핵 중 하나이다.)

① (나)의 시험관 안의 침전물은 세포 내에서 관찰하기가 어렵다.
② (다)의 시험관 안의 침전물은 세포 내에서 산소 소비량이 가장 많은 세포 소기관이다.
③ (라)의 시험관 안의 침전물은 막으로 싸여 있지 않은 세포 소기관이다.
④ (마)의 시험관 안의 침전물은 단일막으로 이루어진 세포 소기관이다.

〈이유〉 :

27 다음 주어진 기사문을 읽고 물음에 답하시오.

> [인공 피부 초고속 배양 기술 한국인 과학자 첫 개발]
>
> 일본 교토대학병원 성형외과 김병묵 교수는 최근 3일 만에 인공 피부를 만들어 내는 초고속 배양 기술을 개발하는 데 성공했다고 발표했다. 정상 피부의 일부를 조금 떼어내 실험실에서 배양하는 인공 피부 배양 기술은 2 ~ 4주가 걸렸기 때문에 피부 이식이 필요한 화상 환자들에게는 '그림의 떡' 이었다. 따라서 자신의 엉덩이 피부를 떼어내 직접 이식하는 피부 이식만 유일한 치료였다. 그러나 김교수는 콜라겐 배지에 피부를 구성하는 섬유아 세포와 표피 세포를 두 층으로 나누어 동시에 배양하는 기법을 고안해 사흘 만에 인공 피부 배양에 성공했다.

(1) 인공 배양된 피부는 생물의 구성 단계 중 어디에 속할까?

(2) 인공 배양된 피부와 우리의 몸을 감싸고 있는 피부는 어떤 점이 다를지 서술하시오.

28 다음 그림은 녹색식물의 잎에서 일어나는 광합성 과정을 모식도로 나타낸 것이다. 물음에 답하시오.

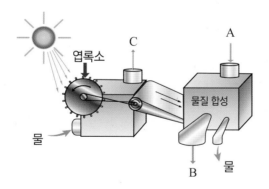

(1) A는 광합성에 사용되는 물질, B는 광합성 결과 합성되는 물질이다. A와 B는 각각 무엇인지 쓰시오.

(2) C는 광합성 결과 방출되는 기체이다. 이 기체의 종류를 쓰고 이 기체가 다른 생물체에 어떻게 사용되는지를 설명하시오.

(3) 농경지를 보호하거나 나무를 많이 심고 열대 우림을 보호하는 일이 온실 효과를 상쇄시킬 수 있는 이유를 설명하시오.

(4) 식물의 잎에서 B가 생성되었는지를 확인할 수 있는 실험 방법 1 가지를 50자 이내로 설명하시오.

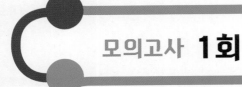

29 우주 비행사는 까다로운 신체 검사와 심리 테스트를 거친 후 선발된다. 이후 고된 훈련을 받게 되는데 주요한 훈련 내용은 다음과 같다.

> 원심력 발생 장치를 사용한 로켓의 가속도에 견디는 훈련
>
> 회전 탁자 위에 서서 상하 좌우의 흔들림에 견디는 훈련
>
> 한사람이 겨우 들어갈만한 공간에 수평·수직·사방의 3방향으로 회전하는 로터라는 장치를 사용한 모든 회전 운동에 견디는 훈련
>
> 엘리베이터 장치에 의한 무중력 상태에서 견디는 훈련

(1) 우주 비행사들이 위와 같은 훈련을 거침으로써 회전 감각과 평형 감각이 향상될 수 있을까? 아니면 회전 감각은 타고나는 것일까? 자신의 생각을 이유와 함께 설명하시오.

(2) 우주에서 눈을 감고 몸을 기울일 때 몸의 기울어짐을 느낄 수 있을지 또는 없을지 고르고 그렇게 생각한 이유를 설명하시오.

30 다음 그림은 혈액 투석 장치와 정상인의 네프론을 나타낸 모식도이다.

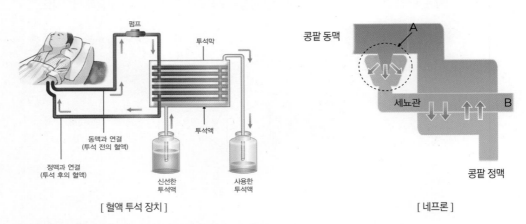

[혈액 투석 장치]   [네프론]

위 자료에 대한 설명으로 옳은 것만을 <보기>에서 있는 대로 고르시오.

> **보기**
> ㄱ. 투석막은 반투과성 막이다.
> ㄴ. 요소는 반투과성 막을 통과할 수 없다.
> ㄷ. 신선한 투석액에 단백질을 넣을 필요는 없다.
> ㄹ. A 기능에 이상이 있는 경우 투석 장치를 이용한다.
> ㅁ. 투석 장치의 투석막을 통해 혈구들이 투석액으로 여과된다.
> ㅂ. 투석 장치의 원리는 세뇨관에서 포도당의 이동 원리와 같다.
> ㅅ. 사용된 투석액과 네프론의 B에는 요소가 포함되어 있지 않다.
> ㅇ. 신선한 투석액에는 노폐물을 제외하고 혈액의 성분과 농도가 비슷하다.
> ㅈ. 동맥에서 나온 혈액의 요소의 농도는 정맥으로 들어가는 혈액의 요소의 농도보다 낮다.

31 다음은 1 란성 쌍생아와 2 란성 쌍생아의 자궁 내 모습을 나타낸 것이다. 물음에 답하시오.

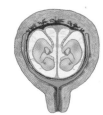 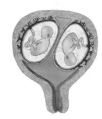

(1) 쌍생아를 비교한 다음 표의 빈칸에 알맞은 말을 넣어 표를 완성하시오.
 (예 : 같다, 다르다, 다를 수 있다, 1개, 2개, 3개, 4개)

구분	1 란성 쌍생아	2 란성 쌍생아
남녀 성별		
생김새		
난자의 수		
정자의 수		

(2) 1 란성 쌍생아와 2 란성 쌍생아의 발생 원인의 차이점을 비교 설명하시오.

(3) 1 란성 쌍생아와 2 란성 쌍생아의 유전적 차이점을 비교 설명하시오.

32 다음은 완두 콩깍지의 모양과 색깔 유전자에 대한 자료이다. 다음 물음에 답하시오.

· 두 유전자는 서로 다른 염색체에 존재한다.
· 대립 유전자 F (부푼 형태)는 f (수축된 형태)에 대해, G (녹색)는 g (황색)에 대해 각각 완전 우성이다.
· 다음 표는 유전자형이 서로 다른 4종류의 완두 (A~D)를 각각 검정 교배하여 얻은 개체들의 표현형을 조사하여 얻은 결과이다.

	부풀고 녹색 콩깍지	부풀고 황색 콩깍지	수축되고 녹색 콩깍지	수축되고 황색 콩깍지
A	0	0	0	400
B	200	0	200	0
C	50	50	㉠ 50	50
D	200	200	0	0

(1) A, B, C, D 가 가지는 유전자형을 쓰시오.

 A : _____ B : _____

 C : _____ D : _____

(2) ㉠ 개체를 검정 교배하였을 때, ㉠ 과 동일한 표현형을 가지는 자손이 나올 확률은 얼마인가?

(3) C 와 D를 교배하여 얻은 자손이 동형 접합일 확률은 얼마인가?

CEPHED

창/의/력/과/학

세페이드

영재학교/과학고 모의고사

2회

정답, 해설 및 배점표　　10

[주의 사항]
1. 정답과 함께 풀이 과정을 정확하고 논리적으로 서술하시오.
2. 필요 시 도표나 그림을 그려도 무방합니다.
3. 시간을 잘 배분하여 제한 시간을 엄수하시오.

01 다음 그림과 같이 수레의 질량은 M 이고 수레의 몸체는 반지름 r 의 매끄러운 원형 곡면으로 이루어져 있다. 수레의 곡면 밑바닥에는 질량 m 인 물체가 정지해 있다. 이제 수레 A 가 물체와 함께 속력 v 로 운동하다가 정지해 있는 수레 B 와 충돌하여 한덩어리가 되어 운동하였다. 질량 m 인 물체가 곡면을 따라 올라갈 수 있는 최대 높이는 얼마인가? 단, 수레 A 와 수레 B 의 질량은 같고, 물체와 수레면 사이, 수레의 바퀴와 지면, 수레 사이의 마찰은 없으며, 중력가속도는 g 로 하시오.

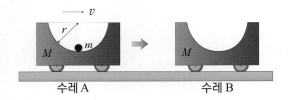

수레 A   수레 B

02 우주 공간에서 우주선이 행성의 인력에 의해 경로가 바뀌는 경우 우주선과 행성의 상호 작용은 충돌로 볼 수 있다. 우주 공간에서의 상호 작용은 에너지의 결손이 일어나기 어려우므로 충돌의 종류는 탄성 충돌이다. 행성을 향해 다가가는 우주선의 속도를 v, 처음 행성의 속도를 V, 상호 작용 후 우주선의 속도를 v', 행성의 속도를 V' 라고 할 때, 다음 물음에 답하시오.

(1) 우주선이 행성과 마주 보고 운동하다가 상호 작용 후 행성과 같은 방향으로 운동하게 된 경우 우주선의 속도는 어떻게 변하는가?

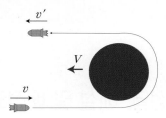

(2) 우주선이 행성과 같은 방향으로 운동하다가 상호 작용 후 행성과 반대 방향으로 운동하게 된 경우 우주선의 속도는 어떻게 변하는가?

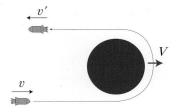

03 다음 그림과 같이 밀도가 ρ, 높이가 h, 단면적이 A 인 직육면체 모양의 물체를 밀도가 ρ_0 인 액체에 넣었더니 물체
는 h_0 만큼 잠긴 후 그 상태를 유지하였다. 물음에 답하시오. (단, 단면적 A 인 면은 액체의 표면과 항상 평행을 유
지한다.)

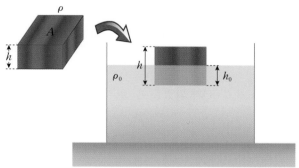

(1) 물체가 받는 부력의 크기는 얼마인가? (단, 중력 가속도는 g이다.)

(2) 평형 상태의 물체를 액체 속으로 x 만큼 더 밀어 넣고 손을 떼면 물체는 상하로 진동을 하게 된다.
이때, 진동 주기를 구하시오. (단, $x \ll h$ 이다.)

04 그림은 볼링 선수가 질량 7 kg 인 볼링공을 손으로 들고 있는 모습을 나타낸 것이다. 위팔과 아래 팔은 수직, 아래 팔은 질
량이 2 kg 이고, 수평이다. 이두박근이 아래 팔에 작용하는 힘을 구하시오. (g = 10 m/s²)

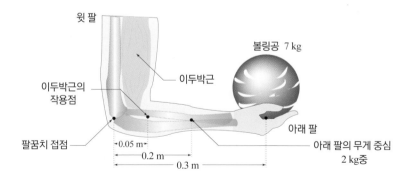

05 열기구는 내부에 공기를 가득 넣은 후, 버너를 가동하여 내부 공기를 가열하면 하늘로 떠오른 후 바람의 흐름을 따라 공중 비행을 하는 기구이다.

공기가 들어 있지 않을 때 버너를 포함한 자체 질량이 100kg인 열기구가 있다. 열기구에 공기를 가득 넣었을 때 들어갈 수 있는 공기의 부피는 $100m^3$ 이고, 열기구의 아래 부분은 열려 있어서 공기가 자유롭게 출입할 수 있으며, 현재 공기의 밀도는 $1.3kg/m^3$, 기압은 1기압(atm), 기온은 27℃ 이다. 물음에 답하시오.

(1) 열기구 내부의 온도가 T(K)가 되었을 때, 열기구 내부의 공기의 밀도는 어떻게 되는가?

(2) 열기구 내부의 온도가 몇 ℃가 될 때 열기구가 상승하는가?

06 다음 그림과 같이 전하 $q_1 = -5.0 \times 10^{-6}C$, $q_2 = 2.0 \times 10^{-6}C$ 인 두 점전하가 직사각형의 두 모서리에 놓여 있다. 직사각형의 가로 길이는 12cm, 세로 길이는 4cm 이고, 두 전하로부터 무한히 떨어진 점에서의 전위는 0이다. 물음에 답하시오. (단, 비례 상수 $k = 9 \times 10^9 \, N \cdot m^2/C^2$ 이다.)

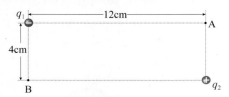

(1) 꼭지점 A와 B에서의 전위는 각각 얼마인가?

A (   )V, B (   )V

(2) 전하 $q_3 = 4 \times 10^{-6}C$을 꼭지점 B에서 A로 대각선을 따라 옮기는 데 필요한 일은 얼마인가?

(   )J

07 다음 그림과 같이 xy 평면에서 전하량이 q 인 대전 입자가 y 축과 45° 각으로 원점에서 균일한 자기장 B 영역으로 입사한 후 $-L$ 인 곳에서 자기장 영역을 벗어나 일정한 속력 v 로 운동하였다. 자기장은 $x \geq 0$ 인 영역에 형성되어 있고, 방향은 xy 평면에 수직으로 들어가는 방향이다. 입자의 질량을 구하시오.

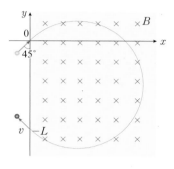

08 다음 그림은 바닥이 평면거울로 되어 있는 깊이가 2m 인 통에 물이 가득 담겨 있고, 수면 위로 2.5m 되는 지점에 전구가 매달려있는 것을 나타낸 것이다. 이때 물 밖에서 볼 때 거울에 비친 전구의 상은 거울로부터 얼마의 거리에 생기겠는가? (단, 빛의 경로가 전구를 지나는 수직축에 매우 가까우므로, $\sin\theta \approx \tan\theta \approx \theta$ 를 사용하고, 물의 굴절률은 1.33이다.)

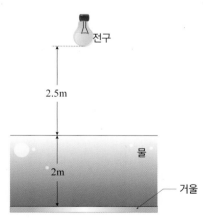

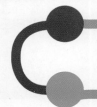
09 다음 표는 0 ℃, 1 기압에서 기체 A 와 B 의 부피를 다르게 반응시켜 기체 C 를 생성한 실험 결과를 나타낸 것이다.

실험	A의 부피(mL)	B의 부피(mL)	반응하지 않고 남은 기체와 그 부피	C의 부피(mL)
1	10	40	기체 B, 10mL	20
2	30	30	기체 A, 20mL	20
3	25	75	남은 기체 없음	50

위 자료로부터 기체 A, B 가 반응하여 기체 C 가 생성되는 반응의 화학 반응식이 다음과 같다면 이때 계수 $a + b + c$ 는 얼마인가?

$$\boxed{a}\ A(g) + \boxed{b}\ B(g) \longrightarrow \boxed{c}\ C(g)$$

10 다음 자료를 보고 물음에 답하시오.

기온이 27 ℃ 인 실험실에 내부 부피가 227 L, 내부 온도가 0 ℃ 로 유지되는 냉장고를 설치했다. 이 냉장고의 문에 는 고무패킹이나 자석같은 장치가 없으며, 안과 밖의 기압 차로만 열고 닫히게 설계되었다. (단, 실험실 안의 기압은 1 atm 이다.)

기압계   내부 온도 0 ℃

부피 227 L

냉장고 문을 열었다 닫은 후 전원을 연결하고 냉장고 안의 온도가 0 ℃ 가 되었을 때 드라이아이스를 넣었다. 드라이아 이스의 질량이 몇 g 보다 많이 줄어들어야 냉장고 문이 스스로 열릴까? (단, 온도는 일정하고, 드라이아이스 고체가 차 지하는 부피는 무시하며 C, O의 원자량은 각각 12, 16이다.)

11 일정한 온도에서 액체 1g을 증발시키는데 필요한 열량을 증발열(기화열, cal/g)이라고 하고, 액체 1 몰의 증발열을 몰 증발열(cal/mol)이라고 한다. 현재 기압이 1기압일 때 다음 <보기>를 참고하여 물음에 답하시오.

> **보기**
>
> • 물의 끓는점 : 100 ℃ · 얼음의 비열 : 0.492 cal/g·℃ · 얼음의 융해열 : 79.8 cal/g
>
> • 물의 비열 : 1.00 cal/g·℃ · 수증기의 비열 : 0.481 cal/g·℃ · 물의 증발열 : 540.0 cal/g
>
> • 물의 분자량 : 18 · 물의 몰증발열 : 9720 cal/mol

1기압에서 −5 ℃ 물 분자 3.01×10^{23}개(얼음)를 110 ℃ 수증기 상태로 만드는데 필요한 최소의 에너지는 몇 cal 인가? (단, 아보가드로수는 6.02×10^{23}이다.)

12 그림과 같이 밀도가 1.05 g/mL 인 설탕물을 깔때기관에 넣고 반투막으로 씌운 다음, 물이 담긴 비커 속에 깔때기관을 넣은 뒤 방치하였더니, 설탕물 기둥의 높이가 처음 높이보다 0.5 m 증가하였다. 실험 결과를 참고하여 물음에 답하시오. (반투막을 통한 삼투압 $\pi = C$(몰 농도) $\times R$(기체 상수) $\times T$(절대 온도)로 나타난다.)

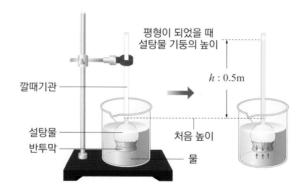

(1) 깔때기관에 넣은 설탕물의 몰 농도(M)를 구하시오. (단, 중력 가속도는 9.80 m/s² 이고, 1 Pa = 1 kg/m·s², 1 atm = 1.013×10^5 Pa이다. 또, 기체 상수 = 0.082 atm·L/mol·K 이고, 설탕물의 온도는 27 ℃이다.)

(2) 깔때기관에 넣어준 설탕물의 온도가 높아지면 평형 상태에서 깔때기관 속 설탕물 기둥의 높이는 어떻게 될 것인지 이유와 함께 서술하시오.

13 다음은 AgNO₃ 와 NaCl 이 반응하여 AgCl 앙금을 생성하는 반응이다.

$$AgNO_3(aq) + NaCl(aq) \rightarrow AgCl(s) + NaNO_3(aq)$$

$3\,M$ AgNO₃ 수용액 500 mL 와 $4\,M$ NaCl 수용액 500 mL 를 혼합하고 시간이 충분히 지나 반응이 종결되었을 때, 수용액의 부피가 1 L 라면 수용액 속 AgNO₃, NaCl, NaNO₃ 의 몰 농도는 각각 얼마인가? (단, 반응이 종결되었을 때 혼합 용액 속 NaCl 과 NaNO₃ 는 해리되지 않는다고 가정하며, 몰 농도는 용액 1L 에 녹아있는 용질의 몰 수이다.)

14 다음 글을 읽고 물음에 답하시오.

기원전 4세기 경, 아리스토텔레스는 4원소 변환설을 주장하였다. 아리스토텔레스에 의하면 물질을 이루는 기본 성분은 물, 불, 흙, 공기 4종류이고, 이 4가지는 차가움, 따뜻함, 건조함, 습함의 성질에 의해 서로 변환된다고 주장하였으며 이러한 아리스토텔레스의 물질관은 2000여년 간 유지되어 왔다. 근대에 이르러 아리스토텔레스의 4원소 변환설은 보일이 원소의 개념을 주장하면서 흔들리기 시작하였고, 라부아지에의 물 분해 실험으로 아리스토텔레스의 물질관이 잘못되었음이 확인되어 데모크리토스의 원자설이 재등장하였다.

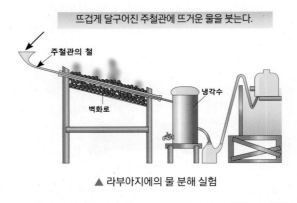

▲ 라부아지에의 물 분해 실험

(1) 라부아지에의 실험에서 물이 분해되어 생성되는 기체의 종류를 쓰시오.

(2) 주철관의 철의 질량을 반응 전과 후로 비교하고 그 이유를 쓰시오.

(3) 냉각수를 통과하여 얻은 물질에 성냥을 가까이 하면 어떤 일이 일어나겠는가?

(4) 라부아지에의 실험을 통해 아리스토텔레스의 4원소 변환설의 어떤 부분이 잘못되었는지 쓰시오.

15 수소 기체를 방전관에 넣고 충분한 에너지를 가하면 수소 분자가 원자로 분해되고 수소 원자는 (가) 에너지를 흡수하여 불안정한 들뜬 상태로 되었다가 안정한 상태로 되면서 빛에너지를 방출한다. 이때 방출하는 에너지를 프리즘에 통과시키면 검출기에 선 스펙트럼으로 나타난다.

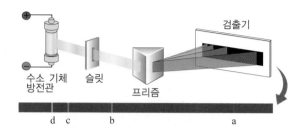

아래는 러더퍼드의 원자 모형으로는 설명할 수 없는 수소 원자의 선 스펙트럼을 설명하기 위해 보어가 제안한 가설의 일부이다. 다음 물음에 답하시오.

> ① 전자는 원자핵 주위의 특정한 에너지 준위의 원형 궤도를 따라 원운동을 한다.
> ② 각 전자 껍질이 가지는 에너지의 준위는
>
> $E_n = \dfrac{-1312}{n^2}$ (kJ/mol) ($n = 1, 2, 3, 4 \ldots$)
>
> 으로 나타낼 수 있다.
> ③ 허용된 원궤도를 운동하는 전자는 에너지를 방출 또는 흡수하지 않는다.
> ④ 전자가 다른 전자 껍질로 이동할 때에는 두 궤도 사이의 에너지 차이만큼의 에너지를 흡수 또는 방출한다.

(1) a - b, b - c 사이의 스펙트럼의 간격이 다른 이유는 무엇인가?

(2) 중성 수소 원자는 전자를 1개 가지고 있으므로 K 전자껍질에 전자가 들어 있을 때 바닥상태이다. 수소 원자의 이온화 에너지는 얼마인가?(이온화 에너지는 중성 원자로부터 전자 1몰을 떼어낼 때 필요한 에너지이다.)

16 사과, 바나나, 감자, 고구마 등은 페놀계의 화합물과 이것을 산화시키는 산화 효소를 함께 가지고 있다. 이 산화 효소는 최적의 작용 조건이 있어서 최적 pH 가 5.7 ~ 6.8 이다. 다음 물음에 답하시오.

(1) 사과를 깎아서 오래 두면 어떻게 될까? 그 이유와 함께 쓰시오.

(2) 감자나 고구마를 삶으면 색깔이 변하는 갈변 현상이 잘 일어나지 않는다. 이유를 서술하시오.

17 아래 사진은 인도 아그라 지방에 있는 타지마할 궁전이다. 타지마할 궁전은 주로 대리석으로 이루어져 있다.

(1) 어떻게 대리석이 사진처럼 아름다운 무늬를 가지게 되었을지 서술해 보시오.

(2) 대리석은 건축물의 외장용으로 적당하지 않다. 그 이유를 서술하시오.

18 다음은 진앙과 진원의 위치를 구하는 방법에 대한 자료이다. 물음에 답하시오.

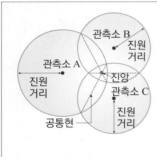

〈진앙의 위치 찾기〉
· A, B, C 세 관측소에서 측정한 진원 거리를 반지름으로 하는 원을 그리고 교점을 연결한다.
· 3개의 공통현이 만나는 하나의 점이 진앙이다.
· 진앙의 위치를 결정하기 위해서는 최소 3군데 이상의 관측소에서 진원 거리를 측정해야 한다.

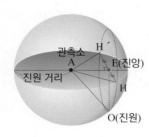

〈진원의 위치 찾기〉
· 하나의 관측소 A에서 진원 거리를 반지름으로 하는 원을 그리고 관측소 A와 진앙 E를 연결하여 직선 AE를 그린다.
· 직선 AE에 수직인 현 HH'를 그리고 이것을 지름으로 하는 원을 직선 AE에 수직으로 그린다.
· 진원의 깊이 EO는 원의 반지름에 해당하므로 EH = EH´ = EO이다.

관측소 A에서 측정한 진원 거리가 13 km, 진앙 거리가 12 km 일 때, 지표면에서 진원까지의 깊이는 얼마인가?

19 다음은 나무 토막을 사용하여 지각 평형의 원리를 설명하기 위한 실험을 나타낸 것이다.

> **(가) 실험 과정**
> (A) 두께가 서로 다른 나무토막(같은 재질)을 물 위에 띄운 후 물 위로 드러난 나무토막의 높이를 각각 측정한다.
> (B) 나무토막 위에 같은 크기의 얼음 조각을 올려 놓고 물 위로 드러난 나무토막의 높이와 깊이를 측정한다.
> (C) 얼음이 녹으면서 나무토막의 높이와 깊이가 어떻게 변하는지 관찰하여 기록한다.
>
>
>
> **(나)** 아르키메데스의 부력의 원리에 의하면, 물체가 밀어낸 유체의 무게 만큼 부력을 받는다. 이때 부력이 물체의 무게보다 크면 물체는 물에 뜬다. 밀도가 물보다 작으면 뜨고, 밀도가 물보다 크면 가라앉는다.
>
> | 종류 | 물 | 박달나무 | 참나무 | 소나무 |
> |---|---|---|---|---|
> | 밀도(g/cm³) | 1 | 0.88 | 0.75 | 0.4 |

(1) 나무토막 위에 얼음 조각을 올려 놓으면 나무토막의 높이와 깊이의 변화는 어떻게 변하는지 지각에서 실제로 일어나는 작용과 연관지어 서술하시오.

(2) 나무토막 올려놓은 얼음조각이 녹으면 나무토막의 높이와 깊이의 변화는 어떻게 변하는지 지각에서 실제로 일어나는 작용과 연관지어 서술하시오.

20 다음은 2003년부터 2005년까지 우리나라 주변 어느 해역에서 관측한 해수의 평균 온도(가)와 평균 염분(나)를 나타낸 것이다. 물음에 답하시오.

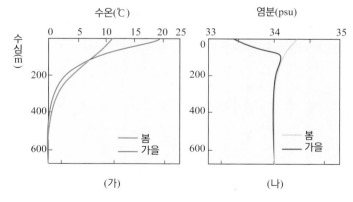

(1) 봄과 가을 중 어느 계절에 해수의 밀도가 더 클지 서술하시오.

(2) 이 지역의 외부 요인에 의한 수온과 염분 변화에 대해서 추측하여 서술하시오.

21 아래 그림과 같이 달에 유리 온실을 지었다고 가정할 때, 유리는 태양 복사 에너지를 100% 통과시키고 달 표면으로부터 나오는 달의 복사 에너지를 50% 만 통과시키며, 나머지는 달 표면으로 되돌려 보낸다고 한다. A를 100으로 할 때, 달 표면이 복사 평형 상태가 되었을 때 A + B + C + D 의 값은? (단, A, B, C, D는 모두 양의 값으로 하여 합산한다.)

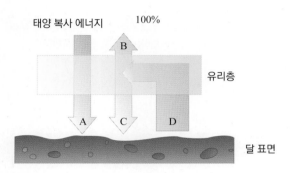

22 그림 (가)는 시간에 따른 금성의 이각 변화를, (나)는 지구에서 금성까지의 거리 변화를, (다)는 금성이 태양면을 통과하는 모습을 나타낸 것이다. 다음 물음에 답하시오.

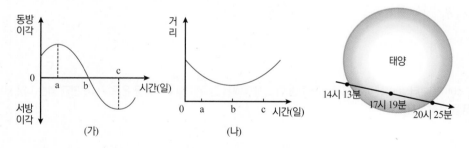

(1) 그림 (다)와 같이 금성이 태양 면을 통과할 때는 a ~ c 중 어느 위치인지 쓰고, 그 이유를 간단히 쓰시오.

(2) 금성이 새벽에 동쪽 하늘에서 가장 오랫동안 볼 수 있는 위치는 a ~ c 중 어느 위치인지 쓰고, 이때의 금성의 위상을 그리시오.

23 다음 표는 우리 나라의 어느 지역에서 바다 갈라짐 현상이 나타난 시기를 전후하여 하루 중 최저 해수면이 나타난 시각과 기준면에 대한 최저 해수면의 높이이다. 바다 갈라짐 현상은 조금에 주위보다 높은 해저 지형이 해상으로 노출되어 바다가 갈라진 것 같아 보이는 현상으로, 모세의 기적, 신비의 바닷길 등으로도 불린다. 물음에 답하시오.

일시		최저 해수면 높이(cm)
날짜(음력)	시각	
2월 26일 (1월 13일)	03시 16분	21
27일 (14일)	04시 09분	-12
28일 (15일)	04시 55분	-34
3월 1일 (16일)	05시 39분	-41
2일 (17일)	06시 21분	-31
3일 (18일)	07시 03분	-5
4일 (19일)	07시 46분	34

(1) 바다 갈라짐 현상이 나타난 날짜를 고르시오.

① 2월 26일   ② 2월 27일   ③ 2월 28일   ④ 3월 1일   ⑤ 3월 2일

(2) 최저 해수면이 나타나는 시각이 어떻게 변화하는지 서술하고, 그 이유를 설명하시오.

24 다음 표는 별 A, B의 물리적 성질을 각각 나타낸 것이다.

	겉보기 등급	절대 등급	표면 온도(K)
A	5.5	0.5	12,000
B	0.5	5.5	3,000

별 A, B의 반지름의 비 $\dfrac{R_B}{R_A}$ 를 구하시오.

25 1953년 독일의 헤머링은 갓 모양이 다른 두 삿갓말을 이용하여 자루 이식 실험을 하였다. 삿갓말은 녹조류에 속하는 단세포성 생물로 크기가 6 ~ 7 cm 정도이다. 몸은 갓, 자루, 헛뿌리의 세 부분으로 되어 있다. 핵은 헛뿌리에 1 개 존재한다. 갓의 모양에 따라서 M 형과 C 형으로 구분하며, 재생력이 강하여 갓을 잘라도 원래의 모양과 같은 갓이 재생된다.

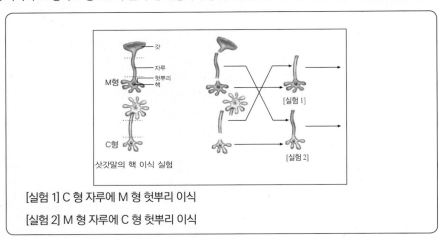

[실험 1] C 형 자루에 M 형 헛뿌리 이식

[실험 2] M 형 자루에 C 형 헛뿌리 이식

(1) [실험1], [실험2] 과정에서 이식한 후 생기는 갓의 모양을 관찰했을 때 어떤 결과가 나타났을 지 예상하여 쓰시오.

　　[실험1] :

　　[실험2] :

(2) 실험을 통해 삿갓말의 갓 모양을 결정하는 요소와 그 이유를 쓰시오.

26 다음 그림은 치타가 사슴을 잡아먹고 달리는 모습을 나타낸 것이다. 물음에 답하시오.

(1) 치타가 섭취한 사슴의 고기가 치타의 근육 세포까지 이동할 때까지의 화학 변화 과정과 이동 경로를 서술하시오.

(2) 달리고 있는 치타의 다리 근육 세포에서 일어나고 있을 화학 반응을 설명하시오.

27 다음은 "화성에는 생명체가 살고 있을까?"라는 질문에 대한 답을 얻기 위해 1976년 화성에 착륙한 바이킹 2호에서 화성에 생명체가 존재하는지 알아보기 위한 실험을 나타낸 것이다. 물음에 답하시오.

[실험 과정]

(가) 용기에 방사성 기체($^{14}CO_2$, ^{14}CO)를 넣고 램프로 빛을 비춘다.

(나) 일정 시간이 지난 후 용기 내의 방사성 기체를 모두 제거한다.

(다) 가열 장치로 토양을 가열하면서 용기 내의 방사능을 측정한다.

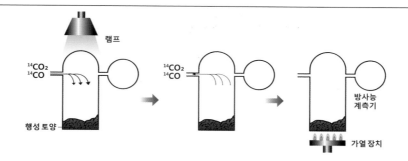

(1) 위의 실험은 토양 중에 생명체가 있다면 생물이 하는 작용 중 어떤 것을 확인하고자 한 것인가?

(2) 실험 (다)에서 가열을 하는 이유는 무엇인가?

28 다음 그림은 간상 세포와 원추 세포의 파장에 따른 활성화 영역을 나타낸 것이다. 일반적으로 위급한 상황이 되면 주변이 어두워진다. 이러한 상황에서 지시 사항이 눈에 잘 띄게 하기 위해 팻말의 바탕색은 녹색을 사용한다. 아래 자료를 바탕으로 그 이유를 설명하시오.

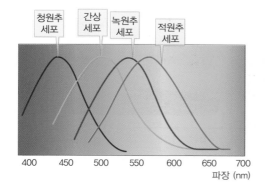

29 다음은 '식물은 촛불이 타도록 하는 어떤 물질을 내놓는다.' 라는 가설을 검증하기 위한 실험 과정의 그림이다. 물음에 답하시오.

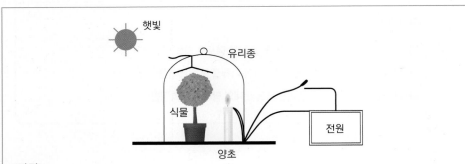

[과정]

(가) 유리종 속에 식물과 양초를 넣고 바깥에서 식물에 물을 줄 수 있도록 고무관을 설치하고, 밖에서 양초에 불을 붙일 수 있도록 장치했다.

(나) 유리종을 밀폐시킨 후 양초에 불을 붙이자 약 3분이 지난 후 저절로 꺼졌고, 다시 붙이려고 해도 붙지 않았다.

(다) 이틀 간 식물에 물을 주며 암실에 두었다가 다시 불을 붙였지만 양초에 불이 붙지 않았다.

(1) (나)에서 양초가 저절로 꺼지고 다시 불이 붙지 않는 이유는 무엇이겠는가?

(2) 주어진 가설의 검증을 위해 어떤 실험이 더 필요하겠는가? 직접 추가 실험을 설계하시오.

30 다음은 콩팥의 네프론 구조를 나타낸 모식도이다. 사막에서 오랫동안 물을 마시지 못하여 탈수증에 걸린 사람에게서 나타날 수 있는 증상에 있는 대로 ○표 하시오.

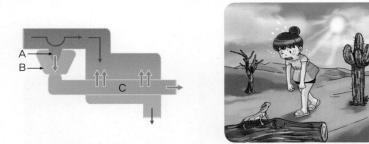

구분	변화
혈액의 양	감소 , 증가
체액의 농도	감소 , 증가
여과량(A → B)	감소 , 증가
재흡수량(C)	감소 , 증가
오줌의 양	감소 , 증가

31 그림은 세포 (가) ~ (마) 각각에 들어 있는 모든 염색체를 나타낸 것이다.

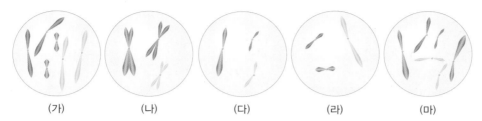

(가)　　　　　(나)　　　　　(다)　　　　　(라)　　　　　(마)

다음은 (가)~(마)에 대한 설명이다.

> · 서로 다른 개체 A, B, C 는 2 가지 종으로 구분되며, 모두 $2n = 6$ 이다.
> · (가)는 A의 세포이고 (나)는 B의 세포이며, (다), (라), (마) 각각은 B와 C의 세포 중 하나이다.
> · A ~ C의 성염색체는 암컷이 XX, 수컷이 XY 이다.

위 자료를 보고 아래의 물음에 답하시오. (단, 돌연변이는 고려하지 않는다.)

(1) (나)~(라) 중 (가)와 같은 종의 세포는 무엇인지 그 이유와 함께 쓰시오.

(2) (다), (라), (마)가 A~C 중 어떤 개체인지 쓰시오.

(2) (가)~(마)의 성별을 구분하시오.

· 암컷 :　　　　　　　　　　　· 수컷 :

32 다음 그림과 같이 혈액형이 A 형인 여성에게 혈액형이 O 형이며 Rh 양성인 딸과 B 형이면서 Rh 음성인 아들이 있다. ABO 식 혈액형을 결정하는 유전자는 A, B, O 로 나타내며 A 와 B 가 O 에 대하여 복대립 우성을 나타낸다. Rh 의 경우 Rh^+ 유전자와 Rh^- 유전자가 있으며, + 가 − 에 대해 우성으로, Rh^+Rh^+, Rh^+Rh^- 의 표현형은 Rh 양성, Rh^-Rh^- 의 표현형은 Rh 음성으로 나타낸다. (단, 아빠는 Rh 양성이다.)

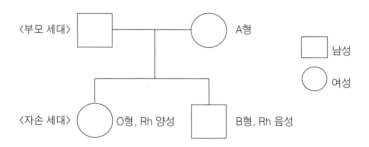

다음 설명 중 옳은 것만을 있는 대로 고르시오.

① ABO식 혈액형에서 아들의 유전형은 BO 이다.

② 아빠의 혈액형 유전형은 BO이며, Rh^+Rh^- 이다.

③ 아빠와 엄마는 Rh 양성 동형 접합(호모) 유전형을 갖는다.

④ 딸의 Rh 양성의 유전자형은 반드시 이형 접합(헤테로)이다.

⑤ 자녀를 한명 더 낳을 경우 O형이면서 Rh 음성인 아들을 얻을 확률은 $\frac{1}{8}$ 이다.

CEPHED

창/의/력/과/학

세페이드

영재학교/과학고 **모의고사**

3회

정답, 해설 및 배점표   18

모의고사 **3회**

제한시간 180분

01 다음 그림은 일직선상에서 거리가 L 만큼 떨어져 있는 두 지점 P와 Q 사이를 두 자동차 A와 B가 서로 마주보는 방향으로 출발하여 각각 일정한 속력으로 왕복 운동을 반복하는 것을 나타낸 것이다.

자동차 A와 B가 각각 P와 Q점을 동시에 출발하여 처음 스쳐가는 지점은 P점으로부터 300m 떨어진 지점이고, 두 번째 스쳐가는 지점은 Q점으로부터 200m 떨어진 지점이다. 이 상황을 만족할 수 있는 P와 Q 사이의 거리 L로 가능한 값을 모두 구하시오. (단, 자동차의 크기는 무시한다.)

02 그림과 같이 경사각이 θ 인 마찰이 없는 빗면 위의 한 점 O 에 고정된 단진자의 단진동 주기를 구하시오. (단, 매달린 추의 질량은 m, 진자의 길이는 l 이며, 중력 가속도는 g 이고, 모든 마찰은 무시한다.)

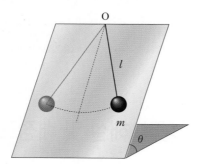

03 그림과 같이 반지름이 60 km 인 소행성이 있다. 소행성 표면의 중력 가속도는 3 m/s² 이다.

(1) 소행성 표면 위의 우주선이 100 m/s 의 속력으로 출발하였을 때 우주선이 올라갈 수 있는 최고 높이는 얼마인가? 단, 운동 중 엔진을 가동하여 추진하지 않는다고 가정한다.

(2) 이 소행성의 중력장 탈출 속도를 구하시오.

04 그림 (가)와 같이 15 ℃ 물이 들어 있는 열량계 안에 물체 A와 B가 잠겨 있다. 표 (나)는 물체 A와 B의 비열, 질량, 열량계 안에 넣기 직전의 온도를 나타낸 것이다. 물체 A와 B를 넣은 후 한참 후 열량계 속 물의 온도가 50 ℃로 유지되었다고 할 때 열량계 속 물의 열용량을 구하시오. (단, 열량계는 외부와 열 출입이 없다.)

열량계

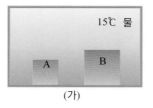

(가)

물체	질량	비열	처음 온도
A	M	$3c$	5℃
B	$3M$	$2c$	90℃

(나)

05 그림 (가)는 밀도가 ρ 인 액체에 부피가 $6V$ 인 물체 A가 절반만 잠겨 정지해 있는 것을 나타낸 것이고, 그림 (나)는 (가)에서 물체 A 위에 물체 B 를 놓았더니 물체 A가 $4V$ 만큼 잠겨 정지해 있는 모습을 나타낸 것이다. 그림 (다)는 (가)에서 물체 A 아래에 물체 B 를 놓았더니 물체 B 는 완전히 잠겨 있고 물체 A 는 $1.5V$ 만큼 잠겨 정지해 있는 모습을 나타낸 것이다. 이 조건에 맞는 물체 A의 질량과 물체 B의 밀도를 각각 구하시오.

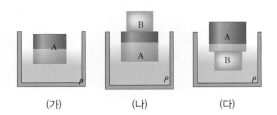

(가)　　　　　(나)　　　　　(다)

06 다음 그림과 같이 전구와 전지를 이용하여 회로를 구성하였다. 전구의 저항은 모두 1Ω, 전지의 전압은 모두 $1V$ 이며, 전류가 흐르는 전구만 불이 들어온다. 다음 물음에 답하시오.(단, 전지의 내부 저항은 무시한다.)

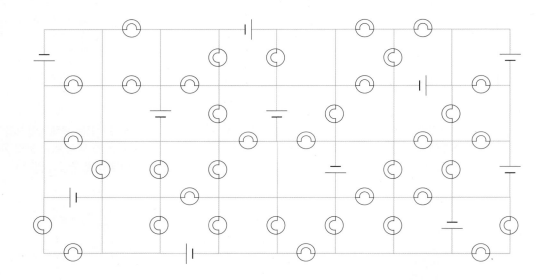

(1) 불이 들어오지 않는 전구는 모두 몇 개인가?

(2) 가장 밝은 전구의 소비 전력은 얼마인가?

07 그림 (가)와 같이 질량이 m 인 물체를 지표면에 대해 $45°$의 각도로 속력 v 로 던졌다. 이때 수평 도달 거리가 R, 지면에 도달할 때까지 걸린 시간은 t 였다. 물음에 답하시오. (단, 중력 가속도는 g 이고, 공기의 저항은 무시한다.)

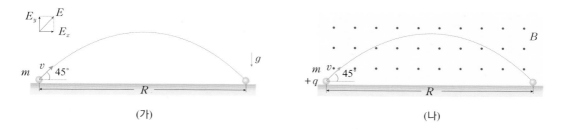

(가)   (나)

(1) (가)에서 물체를 전하 $+q$ 로 대전시켜서 같은 각도로 속력 v 로 던졌더니, 수평 도달 거리는 $2R$, 지면에 재도달할 때까지 걸린 시간은 $2t$ 가 되었다. 전기장 E 의 x 성분과 y 성분 E_x, E_y를 각각 구하시오. (단, 그림과 같이 공중에서 균일한 전기장을 걸어주었다고 가정한다.)

(2) 전기장을 변화시켜 $+q$ 로 대전시킨 물체에 가해진 전기력이 물체의 중력을 완전히 상쇄시키도록 하였다. 이때 그림 (나)와 같이 지면에서 나오는 방향으로 균일한 자기장 B 를 가해주었다. 이 공간에서 (1)과 같이 $+q$ 로 대전시킨 물체를 지표면에 대해 $45°$ 각도로 속력 v 로 던졌을 때 수평 도달 거리가 R 이 되었다. 자기장 B 는 얼마인가?

08 소리도 파동이므로 두 소리가 만나면 보강 간섭하여 소리가 커질 수도 있고, 상쇄 간섭하여 소리가 들리지 않을 수도 있다. 그림과 같이 A, B 두 스피커에서 소리가 나오고 있다. 두 스피커는 3 m 만큼 떨어져 있고, A 스피커에서 나오는 소리는 B 스피커에서 나오는 소리보다 4 배의 세기이다. 또, 사람이 듣는 소리의 세기는 스피커에서의 (거리)^2 에 반비례하여 약해진다.

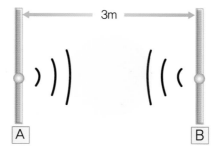

어떤 사람이 A, B 두 스피커 사이의 직선 상의 어느 점에 서 있을 때 전혀 소리가 들리지 않았다.

(1) 소리가 들리지 않는 위치는 A 로부터 B 쪽으로 얼마나 떨어진 곳인가?

(2) 이런 현상이 가능한 음파의 파장을 긴 순서대로 3개 구하시오.

09   다음 그림과 같이 0 ℃, 1기압에서 탄소(C), 메테인(CH₄), 철(Fe)이 각각 12 g, 12 g, 84 g 들어 있는 실린더에 산소(O₂)를 각각 32 g, 32 g, 48 g 넣고 점화 장치를 이용하여 각 물질들을 완전 연소시켰다.

(가)   (나)   (다)

각 실린더에서 일어나는 화학 반응식은 다음과 같다.

> (가) $C(s) + O_2(g) \rightarrow CO_2(g)$
> (나) $CH_4(g) + 2O_2(g) \rightarrow CO_2(g) + 2H_2O(l)$
> (다) $3Fe(s) + 2O_2(g) \rightarrow Fe_3O_4(s)$

반응 후 실린더 내부의 온도를 0 ℃로 다시 냉각시켰을 때 실린더 안 기체의 부피비를 구하시오. (단, 수소의 원자량은 1, 탄소의 원자량은 12, 산소의 원자량은 16, 철의 원자량은 56이고, 피스톤의 무게와 마찰, 고체 및 액체의 부피는 무시한다.)

10   다음 표는 0℃, 1기압에서 탄소(C), 수소(H), 미지의 원소(X)로 이루어진 서로 다른 기체 화합물 A, B, C, D 의 밀도와 질량 백분율 조성을 나타낸 것이다. (단, 수소, 탄소의 원자량은 각각 1, 12이다.)

화합물	기체 밀도(g/L)	질량 백분율 조성		
		탄소(C)	수소(H)	미지의 원소(X)
A	4.30	12.7	3.20	84.1
B	7.80	6.90	1.20	91.1
C	11.3	4.80	0.40	95.8
D	14.8	3.60	-	96.4

(1) 화합물 A, B, C, D 의 분자식을 각각 구하시오.

(2) 원소 X 의 평균 원자량을 구하시오.

11 두 개의 컵에 같은 양의 15 ℃ 의 찬 물과 100 ℃ 의 뜨거운 물을 각각 담고 냉동실에 넣었더니 찬물보다 뜨거운 물
이 더 빨리 얼었다. 그 이유는 무엇인지 서술하시오.

12 다음은 기체 A 와 B 가 반응하여 기체 C 가 되는 반응의 반응식이다.

$$aA(g) + bB(g) \rightleftharpoons cC(g)$$

그림은 25 ℃ 에서 1 L 강철 용기에 기체 A 와 B 를 넣고 반응시킬 때 시간에 따른 각 물질의 농도 변화
를 나타낸 것이다. 다음 물음에 답하시오. (단, a, b, c는 가장 간단한 정수이다.)

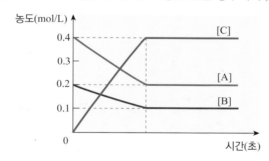

(1) a, b, c 를 각각 구하시오.

(2) 25 ℃ 에서 1 L 용기에 A, B, C를 각각 1몰씩 넣으면 반응은 어느 방향(오른쪽 : 정반응, 왼쪽 : 역반응)으
로 진행될 지 쓰시오.

13 다음은 $^{1}_{1}H$ 와 $^{16}_{8}O$ 로 이루어진 얼음, $^{1}_{1}H$ 와 $^{16}_{8}O$ 로 이루어진 물 그리고 $^{2}_{1}H$ 와 $^{16}_{8}O$ 로 이루어진 얼음이 함께 존재할 때의 모습이다.

(1) A ~ C 의 분자량을 각각 쓰시오.

(2) 끓는점이 같은 물질을 짝지으시오.

14 그림 (가)와 (나)는 흑연과 다이아몬드를 각각 나타낸 것이다. 다음 물음에 답하시오.

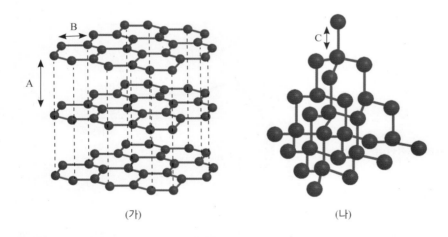

(가)   (나)

(1) 그림에 표시된 탄소 원자들 사이의 결합 A ~ C 의 길이를 비교하고, 이유를 함께 쓰시오.

(2) 탄소의 동소체인 흑연과 다이아몬드는 서로 다른 전기적 특성을 나타낸다. 흑연과 다이아몬드 중 전기 전도성을 갖는 물질을 쓰고 그 이유를 서술하시오.

15 부식되지 않은 깨끗한 쇠못을 시험관 A~F에 넣고 다음 그림과 같이 장치한 후, 일주일 동안 방치하여 시험관에 들어 있는 쇠못의 부식 정도를 관찰하였다. 다음 물음에 답하시오.

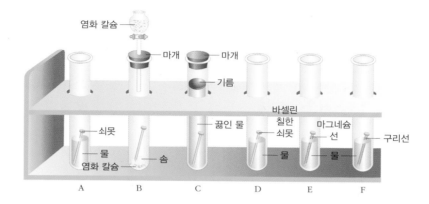

(1) 시험관 A~F 중 부식이 가장 많이 된 쇠못은 무엇인가?

(2) 시험관 B에서 염화 칼슘의 역할은 무엇인가?

(3) 시험관 C에서 끓여서 식힌 물을 사용한 이유는 무엇인가?

(4) 시험관 D에서 쇠못에 바셀린을 칠한 이유는 무엇인가?

(5) 시험과 E와 F 중 어떤 시험관에 들어 있는 쇠못이 더 많이 부식되었을지 쓰고, 그 이유를 서술하시오.

16 이산화 탄소(CO_2)는 수분(H_2O)과 접촉하면 화학 작용을 일으켜 탄산 수용액(H_2CO_3)으로 변한다. 우리가 마시는 탄산 음료는 바로 이 탄산 수용액을 먹게 되는 것이다. 탄산 수용액을 정기적으로 오랜 기간 마셨을 경우 우리 몸에 어떠한 영향을 미치게 되는지 쓰고, 그 이유를 서술하시오.

17 다음은 광물의 물리적 성질을 정리하여 분류한 것이다. 물음에 답하시오.

광물	색	조흔색	깨짐과 쪼개짐
A	황색	흑색	깨짐
B	황색	황색	깨짐
C	투명	흰색	깨짐
D	흑색	흰색	쪼개짐

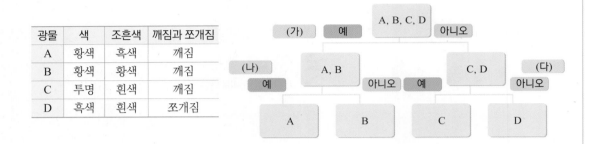

(1) 광물을 분류하는 각각의 조건 (가) ~ (다)에 해당하는 성질은 무엇인지 적으시오..

(2) 광물 A ~ D 중 석영, 흑운모, 황철석에 해당하는 것을 각각 적고 그 이유를 설명하시오.

18 그림은 판의 이동과 화산 활동을 모식적으로 나타낸 것이다.

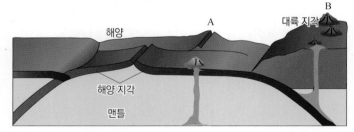

이에 대한 설명으로 옳은 것만을 <보기>에서 있는 대로 고르시오.

보기

ㄱ. B 지역에는 순상 화산이 우세하게 형성된다.

ㄴ. 화산은 B보다 A 지역에서 격렬하게 분출한다.

ㄷ. B 지역에는 성층 화산이 우세하게 형성된다.

ㄹ. 제주도 한라산에서 분출한 마그마는 B와 같은 환경에서 형성되었다.

ㅁ. A의 화산은 대륙과 충돌한 후 대륙에 달라붙게 된다.

---

19 다음 자료는 태평양에서 열점의 활동으로 생성된 하와이 열도 주변에 줄지어 분포하는 화산섬 및 해산들의 위치와 암석들의 절대 연령을 나타낸 것이다. 열점 위에서 화산 활동으로 생성된 화산섬은 태평양 판의 이동에 따라 열점 위를 벗어나면 사화산이 되고, 정상부가 침식 작용을 받아 물속으로 잠기면 해산이 된다.

〈자료〉

① 대부분의 화산 활동은 판의 경계부에서 일어나지만 판의 내부에서도 일어난다. 판의 경계가 아니지만 화산 활동과 지질이 자주 발생하는 장소 밑에 열점이 존재한다.

② 열점은 맨틀 깊은 곳에서 마그마가 기둥 형태(플룸)로 수직으로 올라오는 지점으로 판의 이동과 관계없이 암석권을 뚫고 화산을 형성한다.

③ 판의 이동에 따라 일렬로 늘어선 화산들을 형성하며, 열점에서 멀어질수록 화산의 나이가 많다. 하와이 섬이 그 대표적인 예이다.

④ 미드웨이 섬은 약 2700만 년 전에 형성되었으며, 하와이 섬에서 미드웨이 섬까지 거리는 약 2700 km이다.

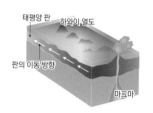

▲ 열점과 하와이 열도의 형성

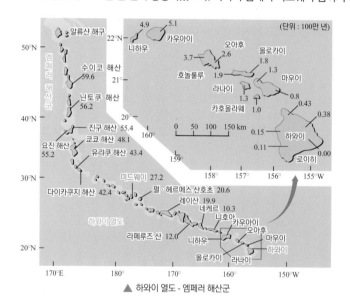

16 방위표				
북서	북북서	북	북북동	북동
서북서				동북동
서				동
서남서				동남동
남서	남남서	남	남남동	남동

▲ 하와이 열도 - 엠페러 해산군

(1) 열점의 위치는 어디인가?

(2) 위 자료를 근거로 하여 다음 중 옳은 것만을 모두 고르시오.

ㄱ. 열점의 위치는 하와이 섬에 가장 가깝다.
ㄴ. 북서쪽에 위치한 해산일수록 해구에 가까워진다.
ㄷ. 태평양 판의 이동 방향은 약 4천 3백만 년 전에 바뀌었다.
ㄹ. 하와이 열도는 판의 수렴 경계에서 형성된 호상 열도이다.
ㅁ. 태평양 판의 이동 방향은 서북서에서 북북서 방향으로 변했다.
ㅂ. 미드웨이 섬이 형성된 이후 태평양 판의 평균 이동 속도는 약 10 cm/년이다.

20 다음은 스모그에 대한 설명을 나타낸 것이다. 물음에 답하시오.

> 스모그(smog = smoke + fog)란 대기가 습하고 오염 물질의 농도가 높을 때 흡습성의 미립자가 응결핵이 되어 생성된 안개를 말한다.
>
> (가) 런던형 스모그 : 1982년 12월 영국 런던에서는 80%가 넘는 습도에 정오에도 기온이 -1℃ 정도로 떨어졌고, 석탄의 연소에 의한 연기가 대기 중으로 배출되었으며, 무풍 현상과 기온 역전으로 대기가 확산되지 못하고 지표 부근에 정체되었다. 배출된 연기와 짙은 안개가 합쳐져 스모그를 형성하였고, 연기 속에 있던 아황산 가스는 황산 안개로 변하였다. 이와 같은 현상은 약 7일 동안 지속되었고 스모그 발생 첫 3주 동안 시민 약 4천 명이 호흡 장애와 질식 등으로 사망하였으며, 그 이후에도 만성 폐질환으로 약 8천여 명이 생명을 잃었다.
> (나) 로스앤젤레스형 스모그 : 1940년대 도시의 팽창으로 자동차 수가 급속도로 증가함으로써 로스앤젤레스에서는 황갈색의 스모그가 형성되어 호흡이 곤란하고 눈이 따가우며, 눈물이 나는 현상이 나타났다. 햇빛이 약하고 안개가 짙게 낀 밤에 검정색의 스모그가 형성되는 다른 지역과는 달리 이 지역은 햇빛이 강렬한 낮에 황갈색의 스모그가 형성되었다. 이와 같은 현상은 자동차로부터 배출되는 질소 산화물과 탄화수소 등이 강렬한 햇빛에 의해 화학반응한 유독한 스모그이다. 로스앤젤레스형 스모그는 태평양 해안에서 불어오는 저온의 해풍에 의하여 기온의 역전층이 자주 발생하고, 이것이 대기의 대류를 방해하여 오염을 더욱 가중시켰다. 이것은 강렬한 태양빛에 의한 광화학 스모그로 널리 알려져 있다. 미국 서부에서의 해풍에 의한 역전층 형성은 미국 태평양 연안 도시에서 일어나는 일반적인 기상 현상이다.
>
> <광화학 스모그 형성 과정>
> 자동차의 배기 가스에서 나온 질소 산화물인 일산화 질소(NO)와 산소 분자가 반응하여 이산화 질소(NO_2)가 형성되고, 이때 생성된 이산화 질소(NO_2)는 자외선에 의해서 반응성이 큰 산소 원자를 생성한다. 이 산소 원자는 산소 분자와 반응하여 오존(O_3)을 형성하고 오존은 대기 중의 탄화수소(C_xH_y)와 반응하여 스모그를 형성한다.

(1) 우리나라 서울에서 자주 발생하는 스모그는 어떤 종류의 스모그에 가까운지 그 이유와 함께 서술하시오.

(2) 다음은 광화학 스모그의 형성 과정을 나타낸 것이다. 빈칸에 알맞은 말을 차례대로 쓰시오.

$$NO + (\quad) \rightarrow (\quad) + O, \qquad NO_2 \xrightarrow{\text{자외선}} NO + O, \qquad O + (\quad) \rightarrow O_3$$

$$O_3 + C_xH_y \rightarrow 스모그(응결핵)$$

21 다음은 최근 100년 동안의 세계 해수면의 평균 수위 변화를 나타낸 것이다. (1) 변화의 원인을 추측하고, (2) 이 변화가 지속될 경우 일어날 수 있는 재앙을 서술하시오.

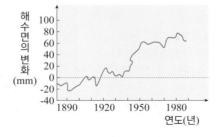

22 그림은 현재 지구 공전 궤도를 나타낸 것이다. 현재 타원형인 지구의 공전 궤도가 완전한 원이 되는 경우에 우리나라의 여름과 겨울 기온은 현재와 비교할 때 어떻게 변할지 그 이유와 함께 서술하시오.

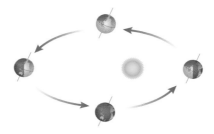

23 그림 (가) 는 영희가 어느 날 해뜰 때 서울에서 관측한 달의 위치를 나타낸 것이고, (나) 는 2주 후 해질 때 같은 장소에서 관측한 달의 위치를 나타낸 것이다.

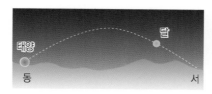

(가) 어느 날 서울　　　　　　　　　　(나) 2주 후 서울

다음 A ~ D 중 (가) 와 (나) 에서 영희가 관측한 달의 모양을 각각 고르시오.

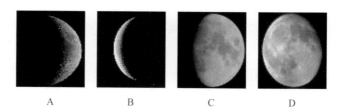

A　　　　　B　　　　　C　　　　　D

24 절대 등급이 같은 별 A 와 B 가 있다. 별 A 의 연주 시차는 0.5", 겉보기 등급이 1 등급이고, 별 B 의 겉보기 등급은 3 등급일 때, 별 B 의 연주 시차는 얼마인지 쓰시오. (단, 한 등급 간의 밝기 차는 2.5 배이다.)

25 다음은 아메바와 플라나리아에 대한 설명이다.

아메바는 세포 내에 수축포가 있다. 수축포는 원생동물의 세포질에 존재하는 액포의 일종으로 수축기와 이완기를 주기적으로 되풀이하는 세포소기관이다. 수축포에서는 체내에 생긴 여분의 수분을 체외로 방출하여 삼투를 조절한다. 담수에 서식하는 아메바를 농도가 높은 고장액에 넣으면 외액의 삼투압이 증가하고 외액의 배출량이 감소하고, 해산종 아메바를 해수의 희석액으로 옮기면 배출 속도가 증가하는 것을 관찰할 수 있다.

▲ 아메바와 아메바의 수축포

플라나리아에는 불꽃모양의 세포인 불꽃세포를 가지고 있다. 불꽃세포는 편형동물·유형동물 등에서 볼 수 있는 세포로 원시적인 배설 기관인 원신관에서 관찰이 가능하다. 몸의 좌우로 뻗어 있는 원신관의 주된 관에서 나뭇가지 모양의 가는 관이 몸의 곳곳에 분포하고 있다. 그 관의 끝에 불꽃세포가 있는데, 이곳에서 노폐물을 걸러 가는 관(외신관)과 이어지는 배설공으로 배출한다. 불꽃세포는 깔때기 모양으로 퍼진 큰 세포로, 신축성이 있는 편모 다발이 있다. 이 편모 다발이 운동을 할때 마치 불꽃이 흔들리는 것처럼 보인다고 하여 불꽃세포라고 불린다.

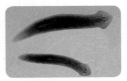

▲ 플라나리아

▲ 플라나리아의 불꽃세포

위 설명을 읽고 아메바의 수축포와 플라나리아의 불꽃세포가 생명의 특성 가운데 어느 것에 해당하는지 그렇게 생각한 이유와 함께 서술하시오.

26 다음 (가)는 혈액 응고 과정을 단계별로 나타낸 것이며, (나)는 혈액 응고에 관련된 실험을 하기 위한 장치이다.

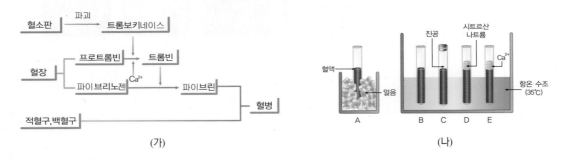

이 실험에 대한 설명으로 옳은 것만을 <보기>에서 있는 대로 고르시오.

보기

ㄱ. E 에서 Ca^{2+}이 혈액의 응고를 방지해 주는 역할을 한다.
ㄴ. 사람의 간에서도 트롬빈의 생성을 억제하는 물질이 만들어진다.
ㄷ. B 에서는 체온의 온도 상태를 유지했기 때문에 혈액이 응고되지 않는다.
ㄹ. A 에서는 저온 처리를 통해 효소들이 변형되지 않기 때문에 혈액이 응고된다.
ㅁ. D 에서 시트르산나트륨 대신에 옥살산나트륨을 첨가하여도 혈액은 응고되지 않는다.
ㅂ. C 에서는 혈액이 공기와 접하지 않기 때문에 혈소판이 파괴되지 않아 혈액이 응고되지 않는다.

27 다음은 효모를 이용한 발효 실험이다. 물음에 답하시오.

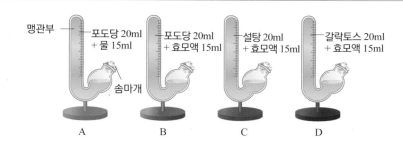

*발효관 : 효모에 의한 발효 시험에 이용되는 기구이다. 효모는 당류를 발효시켜 알코올과 CO_2를 생성하므로 맹관부에 모인 CO_2의 양을 측정함으로써 발효 능력을 비교할 수 있다.

[과정]
(가) 건조 효모를 증류수에 넣어 녹인 효모액을 4개의 발효관 A ~ D에 그림과 같이 넣는다.
(나) 맹관부에 기포가 들어가지 않도록 발효관을 세운 다음 솜으로 입구를 막는다.
(다) 맹관부의 눈금을 10분 간격으로 읽어 30분 동안 발생하는 기체의 부피를 기록하고, 각 발효관의 맹관부에 기체가 충분히 생기면 솜마개를 빼고 냄새를 맡아본다.
(라) 각 발효관의 용액을 일부 덜어내고 묽은 수산화칼륨(KOH) 용액을 15ml 정도 넣어준 후 흔들어 섞어준 다음 맹관부를 관찰한다.

[결과]
(가) 시간이 지남에 따라 발효관 B ~ D의 맹관부에 모이는 기체의 부피가 증가하였다.
(나) A의 맹관부에서는 기체가 발생하지 않았고, B의 맹관부에 특히 많은 기체가 발생하였다.
(다) 기체가 발생한 발효관 B ~ D의 냄새를 맡았을 때 알코올 냄새가 났다.
(라) KOH 용액을 넣어준 후에는 맹관부의 기체 부피가 줄어들었다.

(1) 실험 중 B ~ D 발효관 모두 기체가 발생했지만 그 중에서도 특히 B 발효관에서 기체가 가장 많이 발생했다. 이 결과로 알 수 있는 효모의 성질은 무엇인가?

(2) 이 실험의 효모가 진행한 발효는 젖산 발효, 알코올 발효, 아세트산 발효 중 무엇인가? 근거와 함께 서술하시오.

28 나무가 병이 들었을 때 수액 주사를 놓는 경우가 많다. 다음 물음에 답하시오.

(1) 수액 주사는 나무의 어느 부분에 놓는 것이 좋을까?

(2) 수액 주사를 놓기에 적절한 때는 언제일지 나무의 활동과 날씨에 관련하여 쓰시오.

29 다음은 마이크로폰에 대한 설명이다. 읽고 물음에 답하시오.

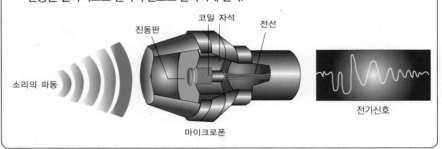

> 마이크로폰(Microphone)은 소리 에너지를 전기 에너지로 변환시키는 전자 기기이다. 음파에 의해 생긴 진동을 받는 진동판, 그것을 전기 신호로 바꾸는 변환부, 출력부의 3부분으로 구성된다. 음파에 의해 진동판(diaphragm)이 진동을 하면, 진동판에 붙어 있는 코일이 자석에 의한 자기장 속에서 움직여 코일에 전압이 발생하게 된다. 즉, 기계적 진동은 결과적으로 전기적 신호로 변화하게 된다.

귀의 구조와 마이크로폰의 구조에서 비슷한 역할을 하는 것을 아래 그림에서 찾아 명칭과 그 기능을 쓰시오.

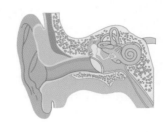

마이크로폰의 구조	진동판	코일 자석	전선
귀의 구조	㉠	㉡	㉢
기능	㉣	㉤	㉥

30 다음은 어떤 동물의 난자 형성 과정을 설명한 글이다.

> [난자 형성 과정]
> · 제1 난모세포는 감수 1분열을 통해 제2 난모세포와 제1 극체로 분열하고, 제2 난모세포는 난소에서 배란된다.
> · 제2 난모세포는 배란 직후 감수 2분열을 완료하여 난세포와 제2 극체로 된다.
> · 난세포는 난자가 되고, 제2 극체는 퇴화된다.

제1 난모세포의 염색체 구성이 오른쪽 그림과 같을 때, 위 자료를 근거하여 난소에서 배란되는 세포와 난세포의 염색체 구성을 각각 그려 보시오.

<난소에서 배란되는 세포>

<난세포>

31 다음은 바나나의 멸종 위기에 대한 자료이다. 다음 물음에 답하시오.

> (가) 야생 상태의 바나나는 크고 딱딱한 씨가 가득 차 있어 먹기가 아주 힘든 열매였는데, 씨가 없는 돌연 변이가 나타나 식용으로 재배하기 시작한 것이 현재 흔히 볼 수 있는 바나나이다. 바나나는 나무라기 보다 '여러해살이 풀'에 가까워 열매를 수확한 후 밑동을 잘라 다시 줄기부터 자라게 하는 방식으로 재 배하고, 번식시킬 때도 뿌리만 잘라 옮기는 방식을 사용한다. 이로 인해 한 농장에 같은 유전적 형질 을 가진 바나나 나무가 수십만 그루까지 자라게 된다.
>
> (나) 현대에 주로 재배되는 바나나는 '캐번디시'라는 품종이지만 1960년대까지 전세계에서 재배되던 바 나나는 '그로 미셸'이란 품종으로 '캐번디시'보다 맛과 향이 훨씬 좋았다고 한다. 그런데 물과 흙을 통 해 곰팡이가 뿌리를 감염시키는 파나마병이 등장하여 전세계의 '그로 미셸'을 말라 죽게 하자 1965 년 '그로 미셸'의 상품화가 중단되었고, 파나마병에 강한 '캐번디시'를 대신 보급하여 현재까지 오게 되었다.
>
> (다) 1990년 파나마병의 변종인 신파나마병이 대만과 필리핀 지역에 나타나면서 '캐번디시'도 병에 걸리게 되 었다. 현재는 동남아에만 병이 머물고 있지만, 신파나마병을 치료할 백신도 없고 감염을 막을 농약도 없으 며 '캐번디시'를 대체할 종이 없어 아프리카나 중남미로 병이 옮겨지면 상품으로서의 바나나가 완전히 사 라질 위기에 처해 있다.

(1) 다른 과일종도 각자의 곰팡이 피해나 병을 가지고 있지만 바나나처럼 종 자체가 위협받은 적은 없다. 왜 유독 바나나만 병충해에 의한 멸종 위기가 발생하는지 설명하시오.

(2) 바나나의 멸종을 막기 위한 방법은 어떤 것이 있을지 서술해 보시오.

32 다음은 혈액형과 색맹 유전에 대한 가계도이다. A, B, AB, O는 혈액형을 표시한 것이다.

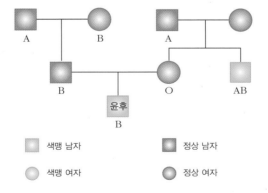

이에 대한 설명으로 옳은 것만을 <보기>에서 모두 고르시오.

> ───〈 보기 〉───
> ㄱ. 윤후의 아버지의 혈액형은 동형 접합이다.
> ㄴ. 윤후의 외할머니의 혈액형 유전자형은 BO이다.
> ㄷ. 윤후가 어머니와 동일한 유전자형을 가진 여자와 결혼할 경우 윤후와 동일한 유전자형이 태어날 수 있다.

CEPHED

창/의/력/과/학

세페이드

영재학교/과학고 **모의고사**

4회

정답, 해설 및 배점표   26

모의고사 **4회**   제한시간 180분

[주의 사항]
1. 정답과 함께 풀이 과정을 정확하고 논리적으로 서술하시오.
2. 필요 시 도표나 그림을 그려도 무방합니다.
3. 시간을 잘 배분하여 제한 시간을 엄수하시오.

01 그림과 같이 액체를 반 정도 채운 U자 관을 수레 위에 부착하고 다음과 같이 운동시켰다. 물음에 답하시오.

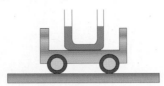

(1) 수평면에서 수레를 등가속도 운동시켰다. 이때 아래 그림처럼 U자 관의 길이 L 이 증가하면 양쪽 관의 액체의 높이 차 h 가 증가할지 아니면 감소할지 이유와 함께 답하시오.

(2) 이 수레를 경사각이 θ인 빗면 위에 정지 상태로 놓고 운동시켰을 때, 다음 각 경우에 대하여 액체의 수면의 모양을 설명해 보시오.

① 빗면과 수레 바퀴 사이의 마찰을 무시할 때

② 수레를 빗면 위에서 등속 운동시킬 때

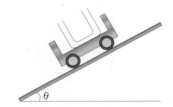

02 다음 그림은 질량이 m 인 물체가 연결되어 있는 길이가 l 인 두 단진자가 용수철 상수가 k인 용수철에 연결되어 있는 것을 나타낸 것이다. 평형 상태에서 용수철은 원래 길이를 유지하고 있다. 두 단진자를 서로 반대 방향으로 밀어 용수철을 살짝 압축시켰다가 놓았을 때, 단진자의 각진동수 ω 를 구하시오. (단, 용수철의 질량과 공기 저항은 모두 무시하며, 중력 가속도는 g이고, $\omega = \dfrac{2\pi}{주기}$ 이다.)

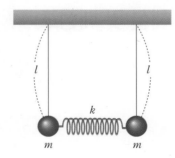

03 다음 그림과 같이 질량이 m 으로 같은 행성 A ~ C 가 한 변이 l 인 정삼각형의 각 꼭지점에 위치하고 있다. 이들이 서로의 중력에 의해 정삼각형을 계속 유지하면서 삼각형에 외접하는 원궤도를 따라 원운동한다면, 행성의 속력은 얼마인가? (단, 만유인력 상수는 G 이다.)

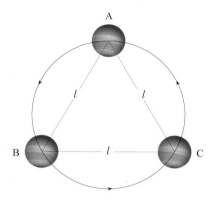

04 32 ℃의 온도에 노출되어 있는 물은 물표면의 분자들이 분자 운동에 의해 공기 중으로 튀어나가기 때문에 증발한다. 이때 증발열은 다음과 같은 공식을 만족한다.

$$증발열 = \varepsilon n$$

ε은 빠져나가는 분자 1개의 평균 에너지이고, n 은 그램당 분자의 수이다. 물음에 답하시오.

(1) 물(H_2O)의 증발열이 540cal/g 일 때, ε 을 구하시오. (단, 수소 원자의 몰질량은 1g/mol, 산소원자의 몰질량은 16g/mol, 아보가드로 수 $N_0 = 6.02 \times 10^{23}$ 개이다.)

(2) E_k를 물(H_2O) 분자 1개의 평균 운동 에너지라고 하고, E_k는 단원자 분자 이상 기체와 같이 절대 온도에 따라 달라진다고 할 때, $\dfrac{\varepsilon}{E_k}$ 을 구하시오. (단, 볼츠만 상수 $k = 1.38 \times 10^{-23}$J/K, 1cal = 4.2J 이다.)

05 자동차는 배터리가 방전되는 경우 시동이 걸리지 않는다. 이때 그림 (가)와 같이 방전 차량과 정상 차량을 점프 케이블로 연결하면 시동을 걸 수 있다. 그림 (나)는 정상 배터리의 기전력이 각각 같은 두 자동차를 점프 케이블로 연결하였을 때 전기 회로도를 나타낸 것이다. 정상 자동차 배터리는 기전력이 12.5 V, 내부 저항이 0.02 Ω 이고, 방전된 자동차의 배터리의 기전력은 10.1 V, 내부 저항은 0.1 Ω 일 때, 전류값 I_1, I_2, I_3 를 각각 구하시오. (단, 시동 모터의 저항 R_S = 0.15Ω, 점프 케이블의 길이는 3 m, 반지름은 2.5 mm 이고, 비저항은 1.68×10^{-8} Ω·m, $\pi = 3.14$ 이다.)

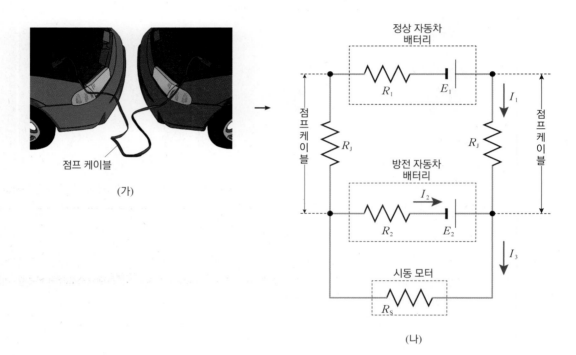

06 다음 그림은 입자 가속기 사이클로트론 모형을 나타낸 것이다. 사이클로트론의 중심 부근에서 정지 상태에서 출발한 입자가 반지름 R 인 사이클로트론 안에서 가속되어 가속기 밖으로 나갈 때까지 몇 번 원운동한 후 나오게 되는가? (단, 입자의 질량은 m, 전하량은 q, 극판 사이 전기장 세기 E, 전 영역 자기장 세기 B, 두 극판 사이의 간격은 d 이다.)

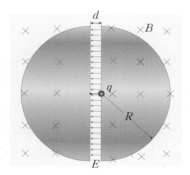

07 그림 (가)는 굴절률이 n 인 정사각형 물체에 빛이 법선으로부터 30°의 각도로 입사한 후, 오른쪽 면에서 경계를 따라 진행하는 것을 나타낸 것이다. 그림 (나)는 그림 (가)의 정사각형 물체를 대각선으로 잘라 두 개의 직각 삼각형 ㉠과 ㉡으로 나눈 후, 다시 붙여 큰 직각 삼각형을 만든 것을 나타낸 것이다. 물음에 답하시오. (단, 공기의 굴절률은 1이다.)

(가)
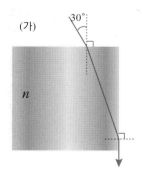

(나)
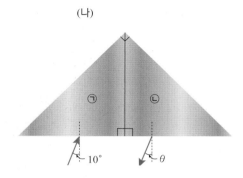

(1) 이 물체의 굴절률 n 을 구하시오.

(2) 그림 (나)에서 직각삼각형 ㉠의 법선에 대해 10°의 각도로 입사한 빛이 굴절, 반사, 반사, 굴절을 거친 후 직각삼각형 ㉡의 아랫면으로 나왔다. 빛이 나올 때 직각삼각형 ㉡의 법선과 이루는 각도 θ 를 구하시오.

08 수소 원자는 보어의 원자 모형이 가장 잘 적용된다. 수소 원자는 전하량이 $+e$ 인 양성자로 이루어진 원자핵과 이 원자핵 주위를 원궤도를 그리며 돌고 있는 전하량이 $-e$ 인 전자로 이루어져 있다. 물음에 답하시오. (단, 전자의 질량을 m, 전자의 속력을 v, 전자의 궤도는 양자수 n 으로 정의할 수 있으며, 궤도 반지름을 r, 쿨롱 상수는 k, 플랑크 상수는 h 이다.)

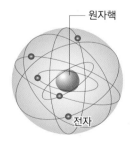
원자핵

전자

(1) 전자의 속력 v 를 구하시오.

(2) 양자수 $n = 1$ 일 때, 궤도 반지름을 구하시오.

(3) 전자가 원자핵으로부터 무한히 멀리 떨어져 있을 때 전자의 퍼텐셜 에너지 $E_p = 0$으로 한다면 원자핵으로부터 r 만큼 떨어진 곳에 있는 전자의 퍼텐셜 에너지 $E_p = -k\dfrac{e^2}{r}$ 이다. 양자수 n 인 상태에 있는 수소 원자의 에너지 준위 E_n 을 구하시오.

09 다음 표는 기체 A_2 와 B_2 가 반응하여 생성된 화합물 X 와 Y 를 각각 구성하는 원소의 질량을 나타낸 것이다. 다음 물음에 답하시오. (단, 원소 A 와 B 는 임의의 원소이며, A 의 원자량은 14 이고, B 의 원자량은 16 이다. 화합물 X 와 Y 의 분자는 성분 원소의 원자가 가장 간단한 정수비로 결합하여 이루어진다.)

화합물	A의 질량(g)	B의 질량(g)
X	7	8
Y	7	12

(1) 화합물 X 와 Y 의 분자식을 쓰시오.

(2) 기체 A_2, B_2 로부터 화합물 X 와 화합물 Y 가 생성되는 반응의 화학 반응식을 각각 쓰시오.

10 그림과 같은 장치의 용기 A 와 B 에 무극성 액체 X 와 Y 를 각각 50 mL 씩 넣고 액체 X 는 25 ℃, Y 는 40 ℃ 로 유지시켜 평형에 도달한 상태이다. 수은 기둥의 높이는 같고 액체 X, Y 의 일부가 남아 있었다. 다음 물음에 답하시오.

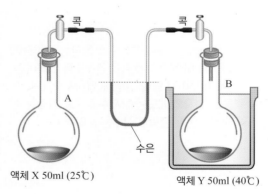

액체 X 50ml (25℃)

액체 Y 50ml (40℃)

(1) 25 ℃에서 액체 X 와 Y 의 증기 압력과 분자 간 인력을 비교하고, 그 이유를 설명하시오.

(2) 25 ℃에서 용기 A 에 X 30 mL 를 더 넣었을 때, 수은 기둥의 높이 변화를 예측하시오.

11 그림은 늦가을에 날씨가 추워져 서리가 내린 모습이다. 다음 물음에 답하시오.

(1) 서리가 내린 아침은 추운데, 서리가 내린 날은 오히려 따뜻하다. 이유를 서술하시오.

(2) 냉동실의 성에는 어디에서 오는 것인지 쓰시오.

(3) 냉동실 속의 음식물이 건조해지는 이유를 쓰시오.

(4) 포장 냉동 식품을 구입할 때 오래된 음식을 구분하는 방법을 서술하시오.

12 다음은 반도체에 대한 설명이다.

물질을 전기 전도도에 따라 분류하면 크게 도체, 반도체, 부도체로 나뉜다. 반도체는 순수한 상태에서 부도체와 비슷한 특성을 보이지만 불순물의 첨가에 의해 전기 전도도가 늘어나기도 하고 빛이나 열에너지에 의해 일시적으로 전기 전도성을 갖기도 한다.

다음 주기율표의 원소 중 반도체가 될 수 있는 원소를 쓰고, 그렇게 생각하는 이유를 서술하시오.

	1족	2족	3족	4족	5족	6족	7족	8족	9족	10족	11족	12족	13족	14족	15족	16족	17족	18족
1주기	1 H 수소																	2 He 헬륨
2주기	3 Li 리튬	4 Be 베릴륨											5 B 붕소	6 C 탄소	7 N 질소	8 O 산소	9 F 플루오린	10 Ne 네온
3주기	11 Na 나트륨	12 Mg 마그네슘											13 Al 알루미늄	14 Si 규소	15 P 인	16 S 황	17 Cl 염소	18 Ar 아르곤
4주기	19 K 칼륨	20 Ca 칼슘	21 Sc 스칸듐	22 Ti 타이타늄	23 V 바나듐	24 Cr 크로뮴	25 Mn 망가니즈	26 Fe 철	27 Co 코발트	28 Ni 니켈	29 Cu 구리	30 Zn 아연	31 Ga 갈륨	32 Ge 저마늄	33 As 비소	34 Se 셀레늄	35 Br 브로민	36 Kr 크립톤

13 나프타 분해 공정을 거쳐 생산된 혼합 기체를 기체 크로마토그래피로 분석한 결과 혼합 기체는 에테인(C_2H_6)과 에틸렌(C_2H_4)이 1 : 1 의 부피비로 섞여 있었다. 순도가 높은 에테인을 만들기 위해 흡착 과정을 통해 에틸렌을 제거하려고 할 때, 에틸렌의 제거율은 10 % 라고 한다. 이 흡착 과정을 몇 번 반복해야 혼합 기체에서 최소 순도 90 % 인 에테인을 얻을 수 있는지 구하시오. (단, 흡착 과정 중 에테인은 제거되지 않고, 조건은 달라지지 않으며, log3 은 0.477 이다.)

14 CO_2 분자는 AB_2 형태로 탄소를 중심에 두고 산소 2개가 일직선으로 결합한 구조이다. 물의 분자식은 H_2O 로 같은 AB_2 형태임에도 불구하고 분자 구조가 굽은 형이다. 다음 글을 참조하여 물음에 답하시오.

중심 원자가 비공유 전자쌍을 가질 경우 비공유 전자쌍 사이의 반발은 공유 전자쌍 사이의 반발보다 크므로 더 많은 공간을 차지한다.

(A : 중심 원자, B : 주위 원자, E : A의 비공유 전자쌍)

분자의 분류	중심원자 최외각 전자의 총 개수	공유 전자쌍	비공유 전자쌍	입체 구조
AB_4 (AB_2E_2)	6	2	2	

(1) 물 분자의 구조가 굽은 형인 이유를 쓰시오.

(2) 물 분자가 굽은 형의 입체 구조를 가짐으로써 생기는 현상을 쓰시오.

15 다음은 제산제의 주성분인 $NaHCO_3$(화학식량 84)의 제산 반응식이다.

$$NaHCO_3(aq) + HCl(aq) \rightarrow NaCl(aq) + H_2O(l) + CO_2(g)$$

제산제 중 $NaHCO_3$ 의 함량을 알아보기 위해 다음과 같은 실험을 하였다. 다음 물음에 답하시오. (단, 제산제에는 $NaHCO_3$ 외의 다른 산 또는 염기는 없다.)

< 실험 과정 >

(가) 제산제를 막자사발에 갈아 약 0.1 g 을 취하여 소수점 셋째짜리까지 질량을 측정한 후 삼각 플라스크에 넣고, 25 mL 의 증류수를 더하여 잘 분산시킨다.

(나) 0.1 M HCl 표준 용액 25 mL 를 정확하게 측정하여 과정 (가)의 삼각 플라스크에 서서히 넣고 끓기 시작할 때까지 가열한 후 식힌다. 이때 용액이 끓어서 튀어나가지 않도록 조심한다.

(다) 페놀프탈레인 지시약 2 ~ 3 방울을 과정 (나)의 용액에 넣고 뷰렛을 사용하여 0.1 M NaOH 표준 용액으로 적정한다.

< 실험 결과 >

종말점까지 넣어 준 NaOH 표준 용액의 부피는 15 mL 이다.

---

(1) 과정 (다)의 알짜 이온 반응식을 쓰시오.

(2) 사용된 $NaHCO_3$ 의 질량을 구하시오.

16 연료 전지는 외부에서 공급되는 반응 물질의 반응에 의해 전기 에너지를 생산하는 화학 전지를 말한다. 그림은 미국의 아폴로 우주 계획에 사용되었던 수소-산소 연료 전지의 모식도이다.

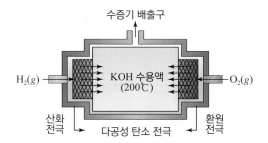

(1) 수소-산소 연료 전지의 산화 전극, 환원 전극에서 일어나는 반응의 화학 반응식을 적으시오.

(2) 전지 반응이 진행되면 OH^- 이온의 수는 어떻게 변하는지 쓰시오.

17 다음은 인류 문명과 광물 자원에 대한 글이다.

> ① 선사 시대 : 역사를 기록하기 이전 시대이다. 현존하고 해독 가능한 문헌이 발견되지 않는 시대이다. 이
>   시대에서는 암석이나 동물의 뼈을 깍아서 무기, 그릇 등을 만들었다.
> ② 청동기 시대 : 청동(구리와 주석의 합금)이 사용되는 시대이다. 돌을 대신하여 청동으로 그릇, 장신구, 무
>   기 등을 만들었다.
> ③ 철기 시대 : 청동과 더불어 철이 사용되던 시대이다. 무기나 농기구는 청동을 대신하여 철이 사용되었다.
> ④ 현대 : 청동, 철을 비롯한 수많은 광물들이 사용되고 있다.

〈선사 시대〉　　〈청동기 시대〉　　〈철기 시대〉　　〈현대의 용광로〉

(1) 인류가 가장 먼저 사용한 금속 광물이 청동인 이유에 대해서 서술하시오.

(2) 인류가 철을 처음 사용하면서 현대까지 철의 중요성은 변하지 않고 있다. 그렇게 될 수 있었던 철의 특
성에 대해서 서술하시오.

18 그림은 운석에 대한 설명이다. 글을 읽고 물음에 답하시오.

> 1. 운석 : 운석은 우주 공간으로부터 지표로 떨어진 암석이다. 우주 공간의 혜성이나 소행성이 남긴 파편들인
>   유성체는 지구 대기로 진입하면 대기와의 마찰로 다 타버리지만 큰 유성체는 그 잔해가 지표면까지 도달
>   하는데, 이것이 운석이다.
> 2. 운석의 종류 : 석질 운석은 주로 규산염 광물로 이루어진 운석이고, 철질 운석은 철과 니켈 성분으로 이루
>   어진 운석이다. 그리고 석철질 운석은 철질 성분과 규산염 성분이 반씩 섞여 있는 것이다. 철질 운석과 석
>   철질 운석은 지구 표면에서 발견되는 암석과 구성 성분이 크게 달라 쉽게 구별이 가능하다.

석질 운석　　　석철질 운석　　　철질 운석

(1) 운석으로 어떻게 지구 내부의 구성 물질을 조사할 수 있을지 설명하시오.

(2) 운석 분석 방법과 같은 방법으로 지구 내부의 구성 물질을 조사하는 방법으로는 무엇이 있는지
두 가지만 제시하시오.

19 다음은 최근 30년간 북극해의 얼음 면적 변화를 나타낸 것이다. 이와 같은 현상이 지속될 때 심층 해류에 나타날 수 있는 변화를 서술하시오.

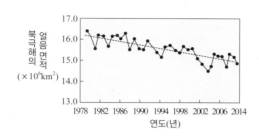

20 다음 그림 (가)는 북반구의 온대 저기압을 나타낸 것이고 (나)는 한랭 전선이 통과하기 전후의 기상 요소를 시간 순으로 배열한 것이다. 물음에 답하시오.

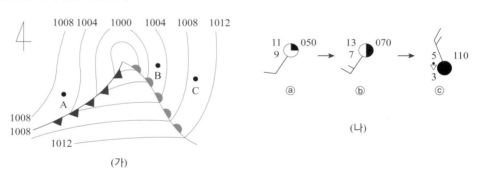

(1) 그림 (가)의 A, B, C 지역 중 어느 곳에서 아래의 구름들이 발달하는지 고르고, 그 이유를 설명하시오.

지역 :

이유 :

지역 :

이유 :

(2) 그림 (나)에 대한 설명으로 옳은 것만을 〈보기〉에서 있는 대로 고르시오.

보기

ㄱ. ⓐ와 ⓑ의 풍속 차이는 5m/s이다.

ㄴ. ⓐ와 ⓑ의 기압 차이는 20 hPa이다.

ㄷ. ⓑ에서 ⓒ로 변하는 동안 한랭 전선이 통과하였다.

ㄹ. 현재 ⓒ의 날씨를 보이는 곳은 A 지역이다.

모의고사 **4회**

21 다음은 어느 산악 지방에서 산곡풍이 불 때 관측한 등압면의 연직 분포를 나타낸 모식도이다. (단, a ~ d 의 고도는 같다.)

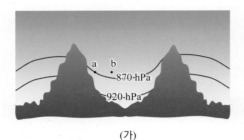

(가)

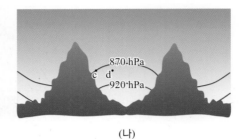

(나)

(가), (나)에 대한 설명으로 옳은 것만을 <보기>에서 있는 대로 고르시오.

─────────────── <보기> ───────────────

ㄱ. 기압은 a 지점이 b 지점보다 높고, c 지점이 d 지점보다 낮다.

ㄴ. 기온은 b 지점이 a 지점보다 높고, c 지점이 d 지점보다 낮다.

ㄷ. (가)에서 바람은 a에서 b로 불며, (나)에서 바람은 d에서 c로 분다.

ㄹ. (가)에서는 산등성이를 향해 곡풍이 불고, (나)에서는 산등성이를 향해 산풍이 분다.

ㅁ. (가)는 한낮보다 새벽에 나타나는 기압 분포이며, (나)는 새벽보다 한낮에 나타나는 기압 분포이다.

22 다음은 엘니뇨와 라니냐가 발생한 해의 태풍 경로를 나타낸 것이다. 엘니뇨 발생 시의 태풍 발생 수가 라니냐 발생 시의 태풍 발생 수보다 많은 이유를 서술하시오.

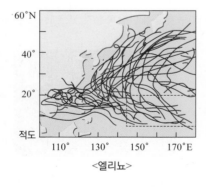

<엘리뇨>

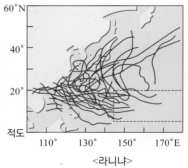

<라니냐>

23 다음은 북반구의 어느 지역에서 관측되는 별 A의 시간에 따른 고도를 나타낸 것이다. 물음에 답하시오.

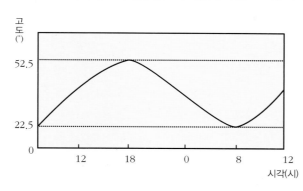

(1) 그래프에 나타난 별 A를 볼 수 있는 하늘의 방향은 어느 방위인가?

(2) 그래프를 참고로 하여 이 지방의 북극성의 고도를 구하시오.

24 태양은 오랫동안 지구 생태계의 에너지원이 되어왔다. 태양의 현재 나이가 약 50억 년이라 할 때, 태양이 현재의 밝기를 계속 유지한다고 가정하고 태양의 남은 수명을 다음 자료를 이용하여 억년(10^8 년) 단위로 계산해 보시오. (단, 3.15×10^7초 ≒ 1년으로 가정한다.)

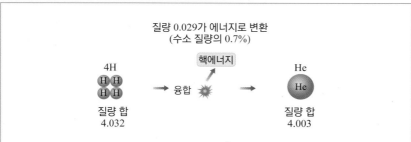

(가) 질량 에너지 등가 원리에 의해 $\Delta E = \Delta mc^2$ 공식이 성립한다.
(나) 현재 태양의 전체 질량 중 핵융합 반응으로 소모되는 질량의 비율 : 10%
    (단, 수소 핵융합 반응이 일어날 수 있는 범위의 물질은 모두 수소로 가정한다.)
(다) 수소 핵융합 반응을 통혜 에너지로 변환되는 수소 질량의 비율 : 0.7%
(라) 태양의 총 질량 : 2×10^{30} kg
(마) 태양이 1초당 방출하는 에너지의 양 : 4×10^{26} J
(바) 빛의 속도 : 3×10^8 m/s

25 생물의 기본 단위는 세포이다. 세포가 모여 조직이 되고, 조직이 모여 기관이 되며, 기관이 모여 생물의 개체가 된다. 그림 (가)는 식물의 한 조직인 표피 조직이고, (나)는 동물의 한 조직인 혈액의 모습이다.

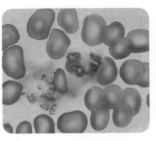

(가)   (나)

아래의 설명 중 <u>옳지 않은 것을 있는 대로</u> 고르고, 옳지 않은 이유를 각각 설명하시오.

① 표피 조직은 잎에서 관찰이 가능하며, 혈액은 혈관계(기관)를 구성한다.
② 표피 조직과 혈액은 각각 크기가 비슷한 세포로 이루어져 있다.
③ 표피 조직과 혈액은 둘 다 동일한 내용물로 채워져 있다.
④ 표피 조직과 혈액이 하는 일은 같다.

26 20세까지 해안지대에 살던 정상인 A 가 고산 지대 (해발 4,000m)로 이주하여 5년이 경과하였다. 오른쪽 그림은 이주 전과 이주 5년 후에 측정한 A의 혈액의 산소 분압에 대한 산소 함유량을 나타낸 것이다.

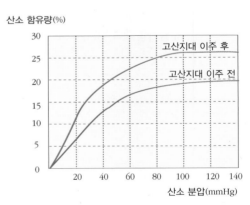

(1) 이주 전과 비교하여 이주 5년 후에 나타난 A의 생리적 변화에 대한 설명으로 옳은 것만을 〈보기〉에서 있는 대로 고르시오.

── 〈 보기 〉 ──

ㄱ. 헤모글로빈의 양이 증가한다.
ㄴ. 동맥혈의 산소 분압이 감소한다.
ㄷ. 심장의 근육 세포의 미토콘드리아 수가 감소한다.

(2) 〈보기〉에서 옳은 것은 옳은 이유를, 옳지 않은 것은 옳지 않은 이유를 각각 서술하시오.

27 근육 운동에 필요한 에너지는 다음과 같이 산소 호흡과 무산소 호흡을 통해 얻을 수 있다.

> · 산소 호흡 : $C_6H_{12}O_6$ (포도당) + $6O_2$ + $6H_2O$ ⟶ $6CO_2$ + $12H_2O$ + 에너지
>
> · 무산소 호흡 : 글리코젠 ⟶ 젖산 + 에너지

오른쪽 그래프는 체중이 50kg 인 어떤 학생의 에너지 소모량에 따른 산소 소비량과 젖산 축적량의 변화를 나타낸 것이다. 다음 물음에 답하시오.

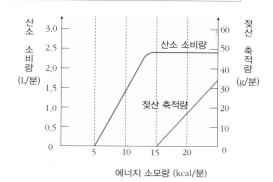

(1) 위 그래프에 대한 설명으로 옳은 것은?

① 산소 소비량은 에너지 소모량과 비례한다.
② 무산소 호흡에 의해 더 많은 에너지가 생성된다.
③ 젖산 축적량이 많을수록 강도가 높은 운동을 오랫동안 지속할 수 있다.
④ 운동의 강도가 15 kcal/분 이상일 때 산소 호흡과 무산소 호흡이 함께 일어난다.
⑤ 강도가 낮은 운동을 오래 할 때, 강도가 높은 운동을 짧게 할 때보다 젖산이 많이 생성된다.

(2) 근육에서 일어나는 산소 호흡과 무산소 호흡을 비교하여 설명하시오.

28 다음의 [결과 1]은 재환이의 혈액 응집 결과를 나타낸 것이고, [결과 2]의 표는 200명의 학생 집단을 대상으로 ABO식 혈액형에 대한 응집원 ㉠과 응집소 ㉡의 유무를 조사한 것이다. 이 집단에는 A형, B형, AB형, O형이 모두 있다.

[결과 1]

항 A 혈청	항 B 혈청
응집되지 않음	응집되지 않음

[결과 2]

구분	학생 수
응집원 ㉠을 가진 학생	79
응집소 ㉡을 가진 학생	111
응집원 ㉠과 응집소 ㉡을 모두 가진 학생	57

이 집단에서 ABO식 혈액형이 민재와 같은 사람의 수는 몇 명인지 쓰시오.

29 다음은 4가지 물체를 각각 2초 동안 관찰하였을 때 나타나는 수정체 두께 변화 그래프이다.

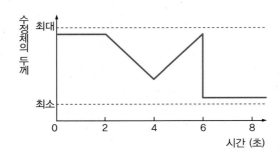

시간이 경과 함에 따라 영수가 관찰한 물체에 대해 바르게 설명한 것을 있는 대로 고르시오.

	시간	설명
①	0 ~ 2초	먼 곳의 정지되어 있는 물체를 바라보고 있다.
②	2 ~ 4초	섬모체가 이완하고 진대가 팽팽해지고 있다.
③	2 ~ 4초	멀리 있던 물체가 서서히 다가오고 있다.
④	4 ~ 6초	초점 거리가 점점 짧아지고 있다.
⑤	6 ~ 8초	가까운 곳에 있던 물체가 멀어지는 것을 보고 있다.

30 사람의 콩팥에서는 물질 여과 등 여러 작용이 일어난다. (가)와 (나)는 콩팥의 작용에 관한 자료이다.

(가) 콩팥에서 물질의 여과량과 배설량

구분	여과량(g/일)	배설량(g/일)
포도당	150.0	0
크레아틴	1.5	1.8
요소	50.0	25.0

(나) 콩팥에서의 물질 이동 형태를 나타내는 모식도

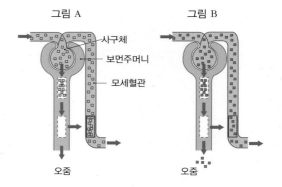

위 자료에 대한 설명으로 옳은 것만을 <보기>에서 있는 대로 고르시오.

〈 보기 〉
ㄱ. 포도당은 그림 A 형태의 물질 이동을 한다.
ㄴ. 크레아틴은 그림 B 형태의 물질 이동을 한다.
ㄷ. 요소는 그림 B 형태의 물질 이동을 한다.
ㄹ. 여과되는 양이 많을수록 많이 배설된다.

31 다음은 정자와 난자의 수정 과정을 나타낸 것이다.

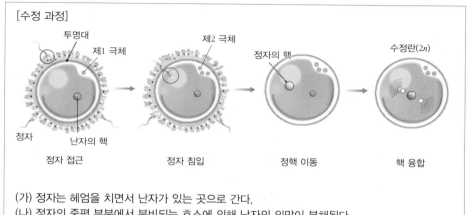

[수정 과정]

투명대 / 제1 극체 / 제2 극체 / 정자의 핵 / 수정란($2n$)

정자 / 난자의 핵

정자 접근 / 정자 침입 / 정핵 이동 / 핵 융합

(가) 정자는 헤엄을 치면서 난자가 있는 곳으로 간다.
(나) 정자의 중편 부분에서 분비되는 효소에 의해 난자의 외막이 분해된다.
(다) 정자의 머리가 난자로 들어오면 투명대의 성질이 변한다.
(라) 정자가 난자 속으로 들어가고 정핵과 난핵이 결합한다.
(마) $2n$의 수정란이 형성된다.

(1) (가) ~ (마)의 수정 과정 중 올바르지 않은 것을 찾아 기호를 쓰고 바르게 고치시오.

(2) (다)와 같은 현상이 일어나는 이유가 무엇인지 설명하고, 만약 (다)와 같은 현상이 일어나지 않는다면 이후의 과정이 어떻게 될지 서술하시오.

32 다음은 어떤 집안의 염색체 돌연변이와 적록 색맹에 대한 자료이다. 자료를 바탕으로 집안(부모, 철수)의 가계도를 그린 후, 구성원들의 유전자형을 적어 보시오.

· 적록 색맹은 대립 유전자 E 와 e 에 의해 결정되며, E 는 정상 유전자이고 e 는 적록 색맹 유전자이다.
· 부모의 핵형은 모두 정상이며, 어머니는 적록 색맹이 아니다.
· 생식 세포 형성 과정에서 염색체 비분리가 1 회 일어난 정자와 정상 난자가 수정되어 아들이 태어났다.
· 그림은 아버지와 아들에게서 G_1 기의 체세포 1개 당 e 의 DNA 상대량을 나타낸 것이다.

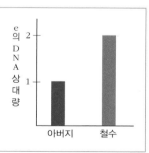

e 의 DNA 상대량

아버지 / 철수

CEPHED

창/의/력/과/학

세페이드

영재학교/과학고 모의고사

5회

정답, 해설 및 배점표　　　　　35

[주의 사항]
1. 정답과 함께 풀이 과정을 정확하고 논리적으로 서술하시오.
2. 필요 시 도표나 그림을 그려도 무방합니다.
3. 시간을 잘 배분하여 제한 시간을 엄수하시오.

01 그림은 마찰이 없는 수평면에 있는 수레 위에 물체 A 와 B 를 올려 놓고 수레에 오른쪽 방향으로 5N 의 힘을 가하고 있는 모습이다. 이때 물체 A 는 늘어나지 않는 끈으로 벽과 연결되어 있고, 물체 B 는 미끄러지지 않고 수레와 같이 오른쪽 방향으로 등속 운동하고 있는 상태이다.

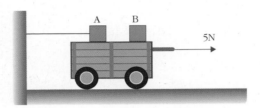

이에 대한 다음 〈보기〉의 설명이 옳은지 옳지 않은지 구분하고 옳으면 옳는 이유, 옳지 않으면 옳지 않은 이유를 각각 쓰시오.

─── 〈보기〉 ───

ㄱ. A와 B가 받는 마찰력의 방향은 같다.
ㄴ. A를 연결한 끈의 장력은 5N이다.
ㄷ. 어느 순간 B를 살짝 들어올리면 수레의 운동은 가속도 운동으로 바뀐다.

02 다음 그림과 같이 수평면과 이루는 각이 30° 인 빗면 위의 한 지점으로부터 3 m 높이에서 $2\sqrt{3}$ m/s 의 속력으로 공을 수평 방향으로 던졌다. 공이 빗면과 처음 충돌할 때까지 걸린 시간을 구하시오. (단, 공의 크기는 무시하고, g = 10 m/s² 이다.)

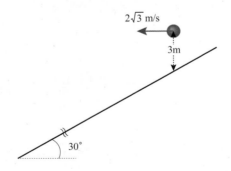

03 다음 그림과 같이 마찰이 없는 수평면 위에 연결된 용수철에 물체 A 와 B 를 접촉시킨 후, 손으로 물체 B 를 밀어서 평형점 O 로부터 x 만큼 압축시켰다. 압축시킨 상태에서 손을 놓았더니 물체 A 와 B 는 함께 운동하다가 어느 지점에서 분리된 후 물체 A는 단진동하였다. 이때 물체 A 의 진폭은 얼마인가? (단, 물체 A 와 B 의 질량은 각각 $2m$, m 이고, 용수철 상수는 k 이며, 용수철의 질량, 물체의 크기, 공기 저항은 모두 무시한다.)

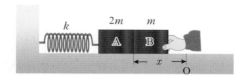

04 다음 그림과 같이 반지름 r 인 원궤도를 속력 v_0 로 등속 원운동하는 인공위성이 있다. 이 인공위성이 엔진을 추진하여 접선 속도의 방향은 바꾸지 않고 순간 속력만 v 로 증가시켰다. 그 결과 인공위성은 짧은 반지름 r, 긴 반지름이 $2r$ 인 타원 궤도를 그리면서 운동하였다. 등속 원운동할 때 위성의 역학적 에너지를 $-E$ 라고 할 때, 타원 궤도에서의 역학적 에너지를 E 와 숫자, 부호만 들어간 식으로 표현하시오.

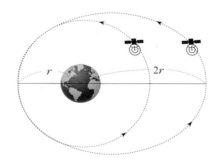

05 저항이 r 이고, 굵기와 재질이 같은 도선 12개를 이용하여 다음 그림과 같은 정육면체의 전기 회로를 완성하였다. 전류가 A로 흘러들어가 C 로 나올 때 합성 저항은 얼마인가?

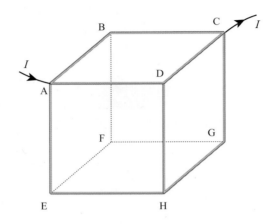

06 그림과 같이 북쪽을 가리키고 있는 나침반의 남쪽에서 동쪽으로 30° 방향과 60° 방향의 같은 거리에 두 개의 도선 A, B 가 있다. 도선 A, B 에는 지면에서 수직으로 나오는 방향으로 전류가 흐른다. 도선 A 에만 전류 I_1 를 흐르게 하였더니 나침반의 N 극이 반시계 방향으로 90° 회전하여 서쪽을 가리켰고, 도선 A, B 모두에 전류 I_1, I_2 가 흐르게 하였더니 I_1 만 흐를 때보다 반시계 방향으로 30° 더 회전하였다. $\dfrac{I_1}{I_2}$ 를 구하시오.

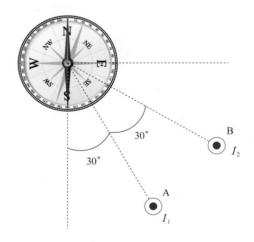

07 다음 그림은 단색광이 굴절률이 n_1인 매질에서 굴절률이 n_2인 반지름이 R인 구형의 매질로 입사할 때 경계면에서 전반사하는 것을 나타낸 것이다. 이때 입사 경로와 구의 축은 나란하며, 입사 경로와 구의 축 사이의 거리인 h를 변화시켜 h_c가 될 때의 입사각이 전반사의 임계각이 된다. 이에 대한 설명으로 옳은 것만을 <보기>에서 있는 대로 고르시오. (단, 반지름 R은 입사광의 파장에 비해 매우 크다.)

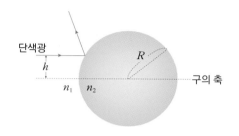

─────── 〈 보기 〉 ───────

ㄱ. $h > h_c$ 이다.
ㄴ. n_2 가 커질수록 h_c 가 커진다.
ㄷ. R 이 커질수록 h_c 가 작아진다.

08 다음 그림은 1몰의 단원자 분자 이상 기체의 순환 과정을 압력-부피 그래프로 나타낸 것이다. A, C 지점에서의 부피는 각각 1 L, 8 L 이고, B 지점에서 압력은 $10 \times 10^5 \, \text{N/m}^2$ 이며, B → C 과정은 단열 과정이다. 물음에 답하시오.

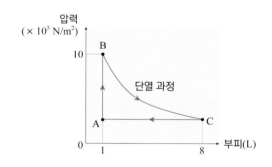

(1) 한 순환 과정 동안 기체가 한 일을 구하시오.

(2) 이 기체의 열역학 과정을 수행하는 열기관의 열효율을 구하시오.

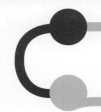

09 자동차의 배기 가스 때문에 지구 온난화가 가속된다고 한다. 대안으로 연료를 천연 가스인 메테인으로 사용하기도 하는데 그런 경우에도 온실 기체는 배출된다. 만약 메테인 만을 연료로 사용하는 자동차가 있다고 하자. 가스 공급소에서 이 자동차에 액체 메테인을 30 L 주입하고 운행하여 모두 소모되었고, 자동차 엔진에서는 메테인의 연소 반응 외에 다른 화학 반응은 일어나지 않는다고 할 때, 이로부터 발생한 온실 기체의 질량은 몇 kg 인지 계산하시오. 단, 메테인은 화학식은 CH_4 이며, C, H, O 의 원자량은 각각 12, 1, 16 이고, 액체 메테인의 밀도는 415 kg/m^3 이며, 수증기는 온실 기체가 아닌 것으로 한다.

10 그림은 헬륨(He) 기체가 2 몰 들어있는 플라스크 A 와 헬륨(He) 기체가 들어 있는 8.2 L 의 플라스크 B 를 연결한 것이다. 일정한 온도의 수조 안에 잠기게 한 후 일정 시간이 지나고 압력을 재었더니 A 의 압력은 1 atm, B 의 압력은 3 atm 이었다. 콕을 열고 수조에 잠긴 상태에서 일정 시간이 지난 후 다시 압력을 재었더니 $\frac{9}{7}$ atm 이었다. 다음 물음에 답하시오.

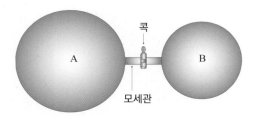

(1) 처음 플라스크 B 안에 들어 있던 헬륨(He)은 몇 몰인가? (단, 모세관의 부피는 무시한다.)

(2) 플라스크 A 의 부피는 몇 L 인가?

11 다음과 같이 기체 상태의 X_2의 분자량을 측정하기 위한 실험을 진행하고, 실험 결과를 얻었다. 다음 물음에 답하시오. (단, 수소의 원자량은 1 이고, X 는 임의의 원소이다.)

〈 실험 과정 〉

1. 둥근 바닥 플라스크 속의 공기를 빼낸 후 둥근 바닥 플라스크의 질량을 측정한다.
2. 0 ℃, 1기압에서 플라스크에 수소 기체를 가득 채운 후 질량을 측정한다.
3. 0 ℃, 1기압에서 플라스크 속의 수소 기체를 빼내고 X_2를 가득 채운 후 질량을 측정한다.

〈 실험 결과 〉

플라스크의 질량 30g

수소 기체를 채운 플라스크의 질량 30.6g

X_2를 채운 플라스크의 질량 39.6g

(1) 플라스크의 부피를 구하시오.

(1) X_2의 분자량을 구하시오.

12 사막을 가로질러 다니는 유목민들은 양가죽으로 만든 물주머니에 물을 넣어 다니며 시원한 물을 마신다. 우리 선조들은 유약을 바르지 않은 토기로 만든 항아리에 물을 담아 놓고 시원해진 물을 마셨다. 이러한 원리를 이용하여 한국 과학기술연구원(KIST) 연구팀은 물로 작동하는 에어컨을 만들었다. 다음 물음에 답하시오.

<토기로 만든 항아리>   <양가죽으로 만든 물주머니>

(1) 양가죽으로 만든 물주머니의 물이 시원함을 유지하는 이유는 무엇일까?

(2) 위와 같은 원리의 예를 <u>2가지</u> 설명하시오.

(3) 저렴한 비용의 물 에어컨을 설계해 보시오.

13 거꾸로 세운 플라스크에 암모니아(NH₃) 기체를 넣고 오른쪽 그림처럼 장치한 다음 스포이트의 고무를 눌러서 적은 양의 물(H_2O)을 플라스크로 주입시키면, 긴 유리관으로부터 물이 분수처럼 분출된다. 암모니아는 물에 잘 녹는 성질이 있기 때문이다. 비커의 물에 페놀프탈레인 지시약을 떨어뜨려 놓는다면 분수의 색은 붉을 것이다.

그렇다면 무극성 기체인 이산화 탄소(CO_2) 기체를 이용하여 동일한 장치에서 분수를 만드는 방법을 서술해 보시오.

14 석영(SiO_2)과 유리(SiO_2)는 모두 산소와 규소로 이루어진 고체 물질이지만, 구성 입자들의 배열 상태가 다르기 때문에 물질의 특성이 다르다. 석영과 같이 구성 입자들이 규칙적인 배열을 이루고 있는 고체는 결정성 고체, 유리와 같이 구성 입자들이 불규칙한 배열을 이루고 있는 고체는 비결정성 고체라고 한다. 다음 그림을 참고하여 석영과 유리의 녹는점의 특성을 비교하여 설명하시오.

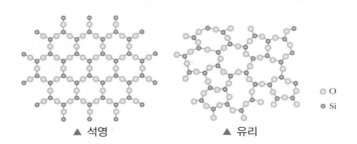

▲ 석영   ▲ 유리

15 다음은 염화 나트륨(NaCl) 수용액 전기 분해에 관한 실험이다. 다음 물음에 답하시오.

〈실험 과정〉

1. 그림과 같이 홈판에 시험관 2개를 꽂고, 염화 나트륨
(NaCl) 수용액을 넣는다.

2. 각 시험관에 굵은 연필심을 꽂고, 염다리로 연결한다.

3. 연필심을 9 V 건전지에 연결한 후, 각 전극에서 일어나는
변화를 관찰한다.

4. 시간이 지난 후 수용액에 BTB 용액을 2 ~ 3 방울씩 떨어뜨
리고 색변화를 관찰한다.

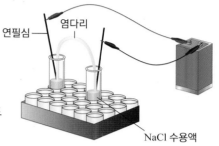

〈실험 결과〉

① 각 극에서의 변화

· (−) 극 : 기포 발생   · (+) 극 : 기포 발생, 시간이 지나면서 수용액이 황색을 띠고 탁해진다.

② 수용액의 색변화

전극	수용액의 색 변화
(−)극	무색 → 파란색
(+)극	무색 → 노란색

(1) (−) 극과 (+) 극에서 일어나는 화학 반응식을 각각 쓰시오.

(2) 전극으로 연필심을 사용하는 이유를 쓰시오.

(3) (+) 극의 용액이 노란색으로 변한 이유를 쓰시오.

16 다음 그림은 산성비의 원인 물질인 질산(HNO_3)이 생성되는 과정 중 하나를 나타낸 것이다. 다음 물음
에 답하시오.

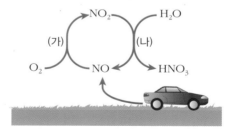

(1) 위 반응에 대한 설명으로 옳은 것만을 〈보기〉에서 있는 대로 고르고, 옳지 않은 것은 바르게 고치시오.

〈 보기 〉

ㄱ. (가)에서 질소(N)의 산화수는 증가한다.

ㄴ. HNO_3은 아레니우스 염기이다.

ㄷ. 산성비는 BTB 용액을 푸른색으로 변화시킨다.

(2) (나) 반응의 화학 반응식을 완성하시오.

17 물은 순환을 하면서 에너지를 운반하여 지구 전체에 에너지를 고르게 분배할 뿐만 아니라 풍화와 침식 작용을 일으켜 지표 및 기후 변화에도 영향을 미친다. 이러한 과정을 지나는 동안 물의 총량은 항상 일정 하게 유지된다. 이때 각각의 형태로 체류하는 시간은 다음 표와 같다.

영역	깊은 곳의 지하수	얕은 곳의 지하수	호수	빙하	강	토양 수분	대기 중의 수증기
평균 체류 시간	10,000 년	100 ~ 200 년	50 ~ 100 년	20 ~ 100 년	2 ~ 6 개월	1 ~ 2 개월	9 일

이와 같이 물은 태양 에너지나 중력을 이용하여, 한 상태에서 다른 상태로 변화되거나 장소를 옮겨 짧게 는 몇 시간, 길게는 수천 년에 걸쳐 순환하고 있다.

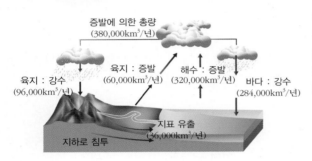

왼쪽 그림은 물의 순환 과정과 각 과정에서 연 간 총량을 나타낸 것이다. 다음 자료를 토대로 물이 바다에서 체류하는 시간을 구해보려고 한 다. 물의 체류 시간을 구하기 위해 필요한 자료 와 방법에 대하여 서술하시오.

18 다음은 에어리의 지각 평형설에 의한 지각의 모식도를 나타낸 것이다.

· 에어리설 : 에어리는 지각의 높낮이에 관계없이 지각을 이루는 암석의 밀도는 동일하며, 고도가 높은 지역에서는 위쪽의 무게를 지탱하기 위해 지각의 뿌리도 깊다고 가정하였다. 높이 솟아 있는 산맥의 경우, 맨틀보다 밀도가 작은 지각이 맨 틀 깊이 뿌리를 내리고 있고, 고도가 낮은 지역은 지각이 얇고 밀도가 큰 맨틀이 지표면 가까이 존재한다고 생각하였다.

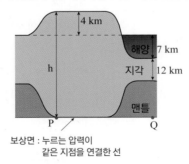

보상면 : 누르는 압력이
같은 지점을 연결한 선

· 에어리의 지각 평형설에서 맨틀 속으로 가장 깊게 들어간 지각의 깊이가 보상면이며, 보상면에서의 압력은 모두 동일 하다.

종류	해수	지각	맨틀
밀도(g/cm³)	1.05	2.7	3.3

위 그림처럼 해양의 깊이는 7 km 이고 해양 지각의 두께는 12km라고 할 때, 해발 고도가 4 km 인 대륙 지역에 서 지각의 두께(h)는 몇 km 인지 구하시오.

19 다음 그림 (가)는 강원도 어느 지역에서 발생한 지진의 진앙과 진앙 거리를 나타낸 것이고, 그림 (나)는 세 관측소에서 측정한 지진 기록이다.

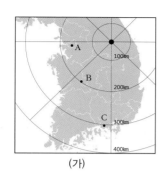

(가)

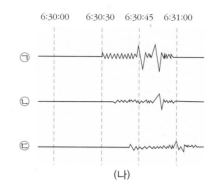

(나)

(1) 지도에 표시된 A ~ C 각 지점에서의 진도와 규모를 등호 또는 부등호로 비교하시오.

(2) 지도에 표시된 지점 중 B 지점에서의 PS시를 구하시오. (단, P파의 속력은 8 km/s, S파의 속력은 4 km/s 이며, 진원 거리는 진앙 거리와 같다고 가정한다.)

(3) 지진 기록 (나)에 대한 해석으로 옳은 것만을 〈보기〉에서 있는 대로 고르시오.

〈 보기 〉
ㄱ. 지진은 6시 30분 30초에 발생하였다.
ㄴ. 세 관측소와 지진 기록을 짝지으면 진앙으로부터 거리가 가장 가까운 A가 가장 먼저 지진이 기록되기 때문에, 각각 A-㉠, B-㉡, C-㉢ 이다.
ㄷ. 지진에 의한 건물의 흔들림이 가장 크게 나타나는 지역은 ㉢이다.

20 다음은 염분이 서로 다른 A, B, C 해역에서 채취한 해수 1 kg 에 들어 있는 화학 성분의 질량(g)을 측정한 자료이다. 물음에 답하시오.

염류	A	B	C
Na^+	11.5	9.2	4.6
Mg^{2+}	1.5	1.2	0.6
Ca^{2+}	0.5	0.4	0.2
Cl^-	20.8	16.6	8.3
SO_4^{2-}	3.0	2.4	1.2
기타	0.3	0.2	0.1

(1) 주어진 자료를 이용하여 염분비 일정의 법칙을 설명하시오.

(2) A, B, C 해역에서 Na^+ 성분이 차이가 나는 이유는 무엇인가?

21 그림 (가)는 어느 해 5월 1일 12시 우리나라 주변의 일기도이고, 그림 (나)는 그 다음 날인 5월 2일 12시의 일기도이다. 다음 물음에 답하시오.

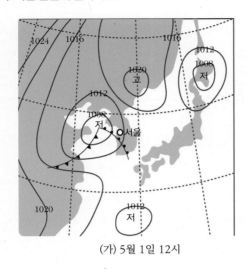

(가) 5월 1일 12시

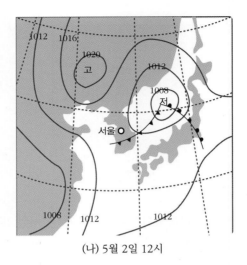

(나) 5월 2일 12시

(1) 하루 동안 온대 저기압 중심의 이동 방향과 그 이유를 설명하시오.

(2) 이 기간 동안 서울 지역의 풍향, 일기, 기압, 기온 등의 날씨 변화를 서술하시오.

22 오른쪽 그림은 어느 지역에서 형성된 기단이 다른 지역으로 이동하면서 기온과 수증기압이 변하는 과정을 나타낸 것이다. 주어진 자료를 해석한 내용으로 옳은 것만을 <보기>에서 있는 대로 고르시오.

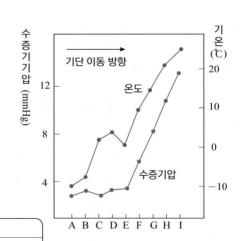

보기

ㄱ. 이 기단은 저위도에서 고위도로 이동하였다.
ㄴ. 이 기단은 대륙에서 해양으로 이동하였다.
ㄷ. 대륙과 해양의 경계는 E지점 부근일 것이다.
ㄹ. 이 기단은 점차 안정한 기단으로 변질되었다.

23 다음은 19세기 초 조선시대 3대 풍속화가로 알려진 신윤복의 두 풍속화이다. 두 그림 모두 밤 12시 경에 그려진 것으로 알려져 있다. 그림을 보고, 물음에 답하시오.

〈그림〉 월하정인

〈그림〉 야금모행

(1) 두 그림에 그려진 달 중 과학적으로 오류가 있다고 생각되는 그림을 찾고, 그 이유를 서술하시오.

(2) 신윤복의 풍속화는 과학자들이 분석해본 결과 모든 그림의 사물을 사실 그대로 그린 작가로 알려져 있다. 신윤복이 사실적으로 그렸다면 (1)의 그림에 그려진 달의 모습이 나타나게 된 원인을 과학적으로 설명하시오. (단, 이 날은 구름이 없는 날이었으며, 해가 떴을 때는 달을 관측할 수 없었다.)

24 그림 (가), (나) 는 두 별 A, B 가 1년 중 6개월 간격으로 가장 멀리 떨어져 관찰될 때의 사진을 같은 배율로 촬영한 것이다. 물음에 답하시오.

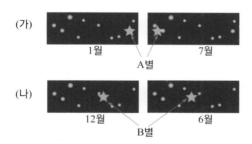

(1) 다음 글의 빈 칸에 알맞은 말을 고르시오.

> 지구에서 두 별 A, B 까지의 거리는 주변의 다른 작은 별들까지의 거리보다 더 (멀리, 가까이) 떨어져 있을 것이다.

(2) (1)과 같이 생각하는 이유는 무엇인지 간단하게 적으시오.

(3) 그렇다면 별 A, B 까지의 각각의 거리를 서로 비교하면 어떻겠는지 간단하게 이유를 들어 설명하시오.

25 다음은 식물의 분류 검색표이다. 물음에 답하시오.

> A1 뿌리, 줄기, 잎의 구분이 있고, 관다발이 있다.
>
>   B1 꽃이 피고, 씨로 번식한다.
>
>   C1 밑씨가 (⊙   )
>
>   D1 떡잎이 두 장이다.
>
>   D2 떡잎이 한 장이다.
>
>   C2 밑씨가 (ⓛ   )
>
>   B2 꽃이 피지 않고 포자로 번식한다.
>
> A2 뿌리, 줄기, 잎의 구분이 뚜렷하지 않으며, 관다발이 없다.

(1) 위 분류 검색표의 ⊙, ⓛ을 각각 채우시오.

(2) 식물 분류 검색표에 해당하는 각각을 〈보기〉에서 찾아 쓰시오.

보기						
종자식물	겉씨식물	외떡잎식물	속씨식물	양치식물	선태식물	쌍떡잎식물

A2 : (   )   B1 : (   )   B2 : (   )

C1 : (   )   C2 : (   )   D1 : (   )   D2 : (   )

26 물 분자는 실제로 그림 (가)와 같이 굽은형 구조를 가지고 있다. 만약 물 분자의 구조가 그림 (나)와 같이 직선형 구조라고 가정할 때 예상되는 생명 현상의 변화를 서술하시오.

(가)   (나)

27 사람의 피부 아래에 있는 세포는 분열하여 표면의 탈락한 죽은 세포를 대체한다. 식물의 분열 조직은 세포 분열이 왕성하게 일어나는 조직으로 생장점과 형성층이 있다. 사람의 상피 세포의 분열과 식물의 분열 조직에서 일어나는 분열의 차이점이 무엇인지 서술하시오.

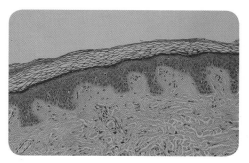

▲ 상피 조직

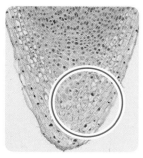

▲ 분열 조직 (생장점)

28 다음은 시각과 청각에 의해 받아들인 자극이 전달되는데 걸리는 시간을 비교하기 위한 실험 과정과, 각 과정을 5회 반복한 결과 값이다. 자료를 바탕으로 다음 물음에 답하시오.

[실험 1]
두 사람이 한 조가 되어 한 사람은 자를 떨어뜨리고, 다른 한 사람은 떨어지는 자를 잡는다. 이때 자의 기준선으로부터 잡은 곳까지의 거리를 측정한다.

[실험 2]
한 사람은 안대를 하고 실험 1과 같은 실험을 한다. 이때 자를 떨어뜨리는 사람은 떨어뜨리는 동시에 소리를 내어 알려 준다.

[실험 3]
실험 1과 같은 실험을 하는데, 이때 자를 잡는 사람은 제시된 수학 문제를 머리로 계산하면서 동시에 떨어지는 자를 잡는다.

[실험 결과]

구 분	1회	2회	3회	4회	5회
실험 1에서 자가 떨어진 거리 (cm)	18.1	17.4	14.5	15.0	16.0
실험 2에서 자가 떨어진 거리 (cm)	24.5	22.0	19.0	17.0	17.5
실험 3에서 자가 떨어진 거리 (cm)	47.5	45.6	44.5	44.9	42.5

(1) 눈과 귀로부터 받아들인 자극이 전달되어 반응으로 나타나기까지 걸린 시간을 구하고, 이 실험을 통해 알 수 있는 사실을 쓰시오. (중력가속도는 $10 \, m/s^2$ 으로 하시오.)

(2) 위와 같이 자극의 종류에 대한 반응의 빠르기가 다른 이유는 무엇일지 추리하여 쓰시오.

29 다음은 평지와 고랭지에서의 각각의 기온 변화와 온도에 따른 광합성량을 나타낸 그래프이다.

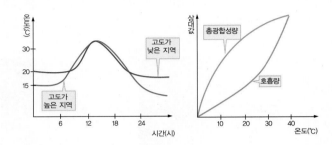

고랭지에서 채소 재배가 평지에서의 재배보다 생산성이 높은 점을 식물의 광합성과 호흡 측면을 중심으로 설명하시오.

30 다음 그림은 호흡에 따른 흉강과 폐포의 부피 및 압력 변화를 나타낸 것이다.

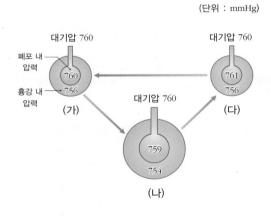

이에 대한 설명 중 옳은 것은 ○표, 옳지 않은 것은 ×표 하시오.

(1) 흉강의 압력이 폐포의 부피 변화를 유도한다. ( )
(2) 폐포 내의 압력이 대기압보다 낮아지면 날숨이 일어난다. ( )
(3) (가)에서 (나)로 될 때 갈비뼈는 상승하고, 가로막은 수축하여 하강한다. ( )
(4) (나)에서 (다)로 될 때 폐의 내압이 높아지므로 흉강의 내압도 증가한다. ( )
(5) (다)에서 (가)로 될 때 흉강의 폐포의 부피가 감소하므로 폐포 내의 기체가 밖으로 이동한다.
( )

31 다음은 어린꽃봉오리 수술의 꽃밥을 고정하고 염색하여 생식 세포 분열을 관찰한 결과이다. 다음 물음에 답하시오.

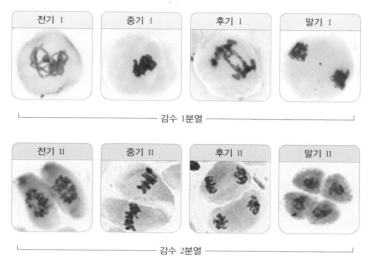

(1) 감수 분열을 관찰할 때 어린 꽃봉오리를 사용하는 이유는 무엇인가?

(2) 성숙한 꽃으로 위와 같은 실험을 진행하였을 때 어떤 다른 결과가 나타날지 서술하시오.

(3) 감수 1분열과 감수 2분열에 의해 염색체 수가 어떻게 달라지는지 서술하시오.

32 다음은 영국 왕실의 혈우병 가계도를 나타낸 것이다.

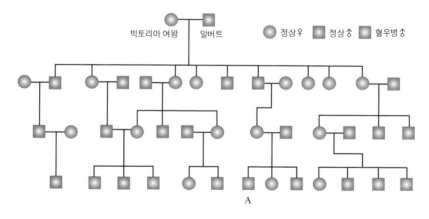

이에 대한 설명으로 옳은 것만을 <보기>에서 있는 대로 고르시오.

〈 보기 〉
ㄱ. 확실하게 알 수 있는 보인자는 총 8명이다.
ㄴ. 혈우병 유전 인자는 X 염색체 위에 있다.
ㄷ. A의 유전자는 빅토리아 여왕으로부터 물려받았다.

MEMO

CEPHED

창/의/력/과/학

세페이드

모의고사
정답 및 해설

cafe.naver.com/creativeini

무한상상

세페이드 Ⅰ 변광성은 지구에서 은하까지의 거리를 재는 기준별이며 우주의 등대라고 불린다.

사람은 누구나 창의적이랍니다.
창의력 과학의 세계로 오심을 환영합니다!

세페이드 Ⅰ 변광성은 지구에서 은하까지의 거리를 재는 기준별이며 우주의 등대라고 불린다.

사람은 누구나 창의적이랍니다.
창의력 과학의 세계로 오심을 환영합니다!

정답 및 해설

정답, 해설 및 채점기준

모의고사 1 회 (p06~23)

01 답 A의 무게 : 4N, B의 무게 : 2N

해설 자석의 극은 그림과 같이 배치되므로 A와 C 사이에는 인력이 작용한다.

F_1 : B가 A를 미는 힘
F_2 : C가 A를 당기는 힘
F_3 : C가 B를 미는 힘
F_4 : A가 B를 미는 힘
F_5 : A가 C를 당기는 힘
F_6 : B가 C를 미는 힘
N : 바닥이 떠받치는 수직항력

힘을 서로 주고받으므로(작용반작용) 크기는
$F_1 = F_4$, $F_2 = F_5$, $F_3 = F_6$ 이다.

문제에서 힘의 크기가 아래와 같이 주어졌다.
$F_1 = F_4 = 5N$, $F_2 = F_5 = 1\,N$, $F_3 = F_6 = 7\,N$

A, B 모두 힘의 평형상태이므로 합력은 0 이다.
A : $5 = 1 + m_A g$, $m_A g$(A의 무게) = 4(N)
B : $7 = 5 + m_B g$, $m_B g$(B의 무게) = 2(N)

채점 기준

채점 기준	배점(점)
답 2개만 모두 맞았을 때	3
풀이가 정확하지 않고 답 두개 모두 맞을 때	4
총배점	5

02 답 $a_{AB} : a_{AC} : a_{AD} = 6 : 3\sqrt{3}\ : 4$

해설 물체가 반원을 따라 운동하는 속력(v)이 일정하므로, 점 A에서 점 B로 이동하는 데 걸린 시간을 t 라고 하면, 점 A에서 점 C로 이동하는 데 걸린 시간은 $2t$, 점 A에서 점 D로 이동하는 데 걸린 시간은 $3t$ 가 된다. 이때 각 지점에서의 속도는 경로의 접선 방향이 된다. 따라서 각 구간에서의 속도 변화량(나중 속도 - 처음 속도)$v_{AB}(= v_B - v_A)$, $v_{AC} (= v_C - v_A)$, $v_{AD} (= v_D - v_A)$은 그림과 같다.
이때 평균 가속도 = $\dfrac{\text{속도 변화량}}{\text{시간}}$ 으로 구할 수 있다.

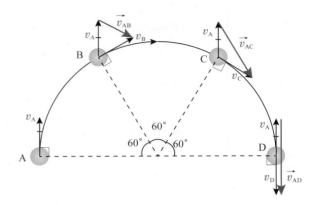

속도 변화량의 크기는 각각 $v_{AB} = v$, $v_{AC} = \sqrt{3}\,v$, $v_{AD} = 2v$ 이므로, 각 구간의 평균 가속도의 크기는 각각 다음과 같다.

$$a_{AB} = \frac{v}{t}, \quad a_{AC} = \frac{\sqrt{3}\,v}{2t}, \quad a_{AD} = \frac{2v}{3t},$$

$$\therefore\ a_{AB} : a_{AC} : a_{AD} = 6 : 3\sqrt{3}\ : 4$$

채점 기준

채점 기준	배점(점)
답만 맞았을 때	2
풀이가 정확하지 않고 답이 맞을 때	3
풀이와 답이 정확할 때	5

03 답 0.2 m

해설 공이 물속에서 위 방향으로 받는 부력이 아래 방향의 중력보다 클 경우 위쪽으로 가속도가 생긴다. 공의 부피를 V, 질량을 m, 속도를 v, 물속에서의 가속도를 a, 공의 밀도를 $\rho_{공}$이라 하자. 물속에서 부력은 물체와 같은 부피의 물의 무게와 같은 크기이다. 물속에서의 가속도 a는 위를 (+)로 한 경우 다음과 같이 구한다.
$F_{부력} - F_{중력} = ma$ → $\rho_{물}Vg - \rho_{공}Vg = \rho_{공}Va$
→ $(1.0 \times 10^3) - 500 \times 10 = 500 \times a$
→ $a = 10\,\text{m/s}^2$ (물속)
물체가 0.2m 깊이에서 부력을 받아 위 방향으로 속도가 점점 증가하여 수면에 닿는 순간의 속도를 v 라고 하면,
$v^2 = 2as = (2 \times 10) \times 0.2 = 4$, $v = 2\text{m/s}$
물체는 수면에서 2m/s로 튀어 오른다. 수면으로부터의 최고점의 높이를 h 라고 하면
최고점의 높이 $h = \dfrac{v^2}{2g} = \dfrac{2^2}{2 \times 10} = 0.2$ m 이다.

채점 기준

채점 기준	배점(점)
답만 맞았을 때	2
풀이가 정확하지 않고 답이 맞을 때	3
풀이와 답이 정확할 때	5

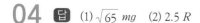

04 답 (1) $\sqrt{65}\,mg$ (2) 2.5 R

해설 (1) 원운동을 하므로 물체는 구심력과 중력을 받는다. 역학적 에너지가 보존되므로 Q점에서의 운동 에너지(E_k)는 다음과 같다.

$$mg5R = mgR + E_k, \quad E_k(Q) = 4mgR = \frac{1}{2}mv^2$$

Q 점에서 구심력은 $\frac{mv^2}{R}$ 이고, 윗 식에서 $v^2 = 8gR$ 이므로

Q 점에서의 구심력은 $8mg$ (중심 방향 : 수평 방향)이다. 또, 아래 방향으로 중력 mg 를 받으므로 합력의 크기는 $\sqrt{65}\,mg$ 이다.

(2) 궤도 이탈하지 않으려면 작은 원의 최고점에서 구심력이 중력보다 크거나 같아야 한다. 이때 최고점에서의 속력을 v_1이라 할 때,

$$\frac{mv_1^2}{R} \geq mg, \quad v_1^2 \geq gR \text{ (작은 원의 최고점)}$$

또, 운동을 시작하는 지점의 높이 h(최소 높이)에서의 퍼텐셜 에너지 = 작은 원의 최고점에서의 퍼텐셜 에너지 + 운동 에너지이므로

$$mgh = mg \times 2R + \frac{1}{2}mv_1^2, \quad v_1^2 = 2gh - 4gR$$

$$\therefore 2gh - 4gR \geq gR, \quad h \geq \frac{5}{2}R \text{ 이다.}$$

채점 기준

채점 기준	배점(점)
답만 맞았을 때 1개 당 1점	2
두 풀이가 미흡하고 답 1개가 맞을 때	3
두 풀이가 미흡하고 답 2개가 모두 맞을 때	4
두 풀이가 타당하고 답이 모두 정확할 때	5

05 답 (1) 0.3 cm/시간 (2) 해설 참조

해설 두께 l 인 얼음이 추가로 생겼다고 하면 이 과정에서 빠져나오는 융해열이 열전도로 모두 대기로 빠져나가야 한다. 열전도가 더 클수록 더 많은 열이 빠져나가서 더 두꺼운 얼음이 생성되는 원리이다. 얼음의 표면적을 A 라고 하면(단위는 cm. g, s, cal)(t : 시간)

$$Q \text{ (전도되는 열량 ; cal)} = kA\frac{0-(-15)}{10}t = 0.004A\frac{3}{2}t$$

두께 l 인 얼음의 총 융해열 = mL = 생기는 얼음의 부피×밀도×g당 융해열 = $A \times l \times 0.9 \times 80 = 72\,Al$

$$\therefore 72\,Al = 0.004A\frac{3}{2}t, \quad l = \frac{12}{1000 \times 144}t = \frac{t}{12000}$$

$$\frac{l}{t} = \frac{1}{12000} \text{ cm (1초 당)} = \frac{3600}{12000} \text{cm(1시간 당)} = 0.3 \text{ cm/h}$$

(2) 물은 4 ℃에서 가장 밀도가 커서 가라앉는다. 결국 표면에는 물속보다 온도가 더 낮은 물이 표면으로 뜨게 되고, 융해열을 대기 중으로 내보내면서 표면부터 어는 것이다.

채점 기준

채점 기준	배점(점)
(1)의 답만 맞았을 때	1
(1)의 풀이와 답이 타당할 때	3
(1), (2)의 답과 서술이 타당할 때	5

06 답 (1) D는 밝아지고, A, B는 어두워지며, C는 켜진다.
(2) A, B, C 는 꺼지고, D 는 이전보다 더욱 밝아진다.

해설 (1) 스위치 S_1 을 닫으면 A, B 와 C 는 서로 병렬 연결이 되어 A, B 와 C 의 합성 저항이 작아진다. 직렬연결된 저항에서 저항의 비와 각각 걸린 전압의 비가 같으므로 D에는 이전보다 더 큰 전압이 걸리고 A, B에는 이전보다 더 작은 전압이 걸린다.

때문에 D는 밝아지고, A, B 는 어두워지며, C 는 켜진다.

(2) 스위치 S_1 과 S_2 를 모두 닫으면 전류는 전지 → S_2 → D 로 흐르게 된다. 전류는 저항이 작아질수록 더 커지며, 도선은 저항이 최소이기 때문에 이 경우 A, B, C 쪽으로 전류가 흐르지 않아 A, B, C는 꺼지고 D에 전지의 전압이 모두 걸려 D는 이전보다 밝아진다.

채점 기준

채점 기준	배점(점)
(1)의 답만 맞았을 때	2
(2)의 답만 맞았을 때	2
(1), (2)의 서술이 타당할 때	5

07 답 (1) $I_{유도} = \frac{mg}{Bl}$ (2) $P = \frac{m^2g^2R}{B^2l^2}$

해설 (1) 등속 운동을 하므로 유도 전류에 의한 전자기력(위 방향)과 정사각형 도선의 중력이 평형을 이룬다. 이때 자기장 영역에 있는 중력과 수직인 길이 l의 사각 도선의 위쪽 변에 유도 전류 $I_{유도}$가 발생하여 자기장 B에 의한 전자기력을 받는다.

$$mg = BI_{유도}l, \quad I_{유도} = \frac{mg}{Bl}$$

사각 도선의 위쪽 변이 받는 전자기력이 위쪽 방향이고, 자기장 B 방향은 지면에 수직으로 들어가는 방향이므로 사각 도선의 위쪽 변에 흐르는 유도 전류는 오른쪽으로 발생하며(왼손법칙), 사각형 도선 전체적으로는 시계 방향으로 흐른다.

(2) $P = VI = I^2R$을 이용하면, $P = \frac{m^2g^2R}{B^2l^2}$ 이다.

채점 기준

채점 기준	배점(점)
(1)의 답만 맞았을 때	2
(2)의 답만 맞았을 때	2
(1), (2)의 답이 모두 맞을 때	5

08 답 (1) $\lambda_A = 160$ cm, $\lambda_B = 166$ cm
(2) $f_A = 207.5$ Hz, $f_B = 200$ Hz

해설 (1) 기주 공명관은 한쪽이 물로 막힌 폐관으로, 정상파는 다음 그림과 같이 열린 쪽에 정상파의 배, 막힌 쪽에 정상파의 마디가 형성될 때 공명이 일어나 큰 소리가 난다.

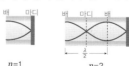
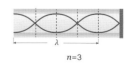

$n=1$ · $n=2$ · $n=3$

그림에서 처음 공명($n = 1$)과 두 번째 공명($n = 2$), 세 번째 공명($n = 3$)에 있어 관의 길이가 반파장씩 늘어나는 것을 알 수 있다. 따라서 물의 깊이가 반파장씩 깊어지면서 공명 현상이 일어난다.

A : 길이 차 = $l_2 - l_1 = l_3 - l_2 = 80 = \dfrac{\lambda_A}{2}$, $\lambda_A = 160$ cm

B : 길이 차 = $l_2 - l_1 = l_3 - l_2 = 83 = \dfrac{\lambda_B}{2}$, $\lambda_B = 166$ cm)

(2) 같은 온도이므로 두 음파의 속력 $v = \lambda f$ 로 서로 같고, 초 당 맥놀이 회수는 두 소리굽쇠의 진동수 차이이다.

$|f_A - f_B| = \dfrac{15}{2}$ (초 당 맥놀이 회수) $= \dfrac{v}{1.6} - \dfrac{v}{1.66}$, $v = 332$ m/s

$\therefore f_A = \dfrac{v}{1.6} = 207.5$ Hz , $f_B = \dfrac{v}{1.66} = 200$ Hz

채점 기준

채점 기준	배점(점)
(1)의 답만 맞았을 때	2
(2)의 답만 맞았을 때	3
(1), (2)의 답이 모두 맞을 때	5

09 답 32 g

해설 헬륨 기체의 분자량은 4이다. 2.4 g의 헬륨 기체의 몰수는 0.6 mol 이다.

헬륨 기체의 몰수 $= \dfrac{\text{질량}}{\text{분자량}} = \dfrac{2.8}{4} = 0.6$(mol)

온도와 압력이 같다면, 기체의 부피는 몰수에 비례하고 그림에서 헬륨 기체과 산소 기체의 부피비는 6 : 4이므로 헬륨이 0.6mol일 때 산소 A는 0.4 mol 이다.

그림 (나)에서 더 넣어준 산소 B의 몰수를 y 라고 할 때

반응	헬륨의 몰수	산소의 몰수	헬륨과 산소의 부피비
전	0.6	0.4	60 : 40
후	0.6	$(0.4 + y)$	30 : 70

$0.6 : (0.4 + y) = 3 : 7 \rightarrow y = 1$(mol)

$\therefore$ 더 넣어준 산소 기체의 질량(B) = 분자량×몰수 = 32× 1 = 32 g 이다. (산소 기체(O_2)의 분자량 = 16×2 = 32)

채점 기준

채점 기준	배점(점)
답만 맞았을 때	3
풀이가 충분하지 않고 답이 맞을 때	4
풀이가 타당하고 답이 맞을 때	5

10 답 $\dfrac{M \times w_1}{(w_1 + w_2) - w_3}$

해설 반응에서 발생한 이산화 탄소가 공기 중으로 날아가므로 반응 후 감소된 질량은 생성된 이산화 탄소의 질량이다. 따라서 생성된 이산화 탄소의 질량은 $(w_1 + w_2) - w_3$이다. 화학 반응식에서 탄산 칼슘($CaCO_3$)과 이산화 탄소(CO_2)의 계수가 같으므로 반응한 탄산 칼슘과 생성된 이산화 탄소의 몰수는 같다는 것을 알 수 있다. 따라서 다음과 같은 식이 성립한다.

$\dfrac{\text{반응한 탄산 칼슘의 질량}}{\text{탄산 칼슘의 화학식량}} = \dfrac{\text{생성된 이산화 탄소의 질량}}{\text{이산화 탄소의 화학식량}}$

$\dfrac{w_1}{\text{탄산 칼슘의 화학식량}} = \dfrac{(w_1 + w_2) - w_3}{M}$

따라서 탄산 칼슘의 화학식량 $= \dfrac{M \times w_1}{(w_1 + w_2) - w_3}$

채점 기준

채점 기준	배점(점)
답만 맞았을 때	3
풀이가 충분하지 않고 답이 맞을 때	4
풀이와 답이 정확할 때	5

11 답 37 L

해설 화학식에서 계수비 = 몰수비이므로 아자이드화 소듐(NaN_3) 2몰이 반응하면 질소 기체(N_2) 3몰이 생성된다.

i) 60.0 g의 아자이드화 소듐의 몰수

$\cdot$몰수 $= \dfrac{\text{질량}}{\text{분자량}} = 60.0 \times \dfrac{1}{65} \fallingdotseq 0.92$ mol

ii) 질소 기체의 몰수 구하기

(아자이드화 소듐) 2 mol : (질소) 3 mol = 0.92 mol : x

$\therefore x$ (질소 기체의 몰수) = 1.38 mol

iii) 이상 기체 상태 방정식을 이용해 부피 구하기

$n = 1.38$ mol, $R = 0.082$ atm·L/mol·K,

$T = 80 + 273 = 353$ K, $P = \dfrac{823 \text{ mmHg}}{760 \text{ mmHg}} = 1.08$ atm 이므로

$V = \dfrac{nRT}{P} = \dfrac{1.38 \times 0.082 \times 353}{1.08} = 37$ L 이다.

채점 기준

채점 기준	배점(점)
해설없이 답만 맞았을 때	2
풀이가 충분하지 않고 답이 맞을 때	3
풀이와 답이 타당할 때	5

12 답 (1) 발생되는 총 열량 : 2764 kJ
(2) 약 27.38 ℃

해설 (1) 다이아 몬드와 흑연 1mol이 각각 완전 연소하여 이산화탄소가 생성될 때 엔탈피는 각각 395.4 kJ, 393.5kJ 감소하며, 이것은 열의 형태로 외부로 방출된다(발열 반응).

i. 다이아몬드 5 mol 연소 시 방출 열량 : 395.4×5 = 1977 kJ

ii. 흑연 2 mol 연소 시 방출 열량 : 393.5×2 = 787 kJ

$\therefore$ 발생하는 총 열량 : 1977+ 787 = 2764 kJ

(2) 흑연과 다이아몬드가 타면서 주위의 공기에 열을 공급하여 온도의 변화가 발생한다.

i.공급한 열량 : 2764 kJ ($\fallingdotseq 2.76 \times 10^6$ J)

ii. 공기의 비열 : 1 J/g·℃

iii. 공간 안의 공기의 질량을 구하기 위해 몰수를 먼저 계산하면 부피 25×10^{-3} m^3 가 1몰이고, 전체 공기의 부피는 1000 m^3 이

므로 밀폐된 공간의 공기의 총 몰수는 $\dfrac{1000\ m^3}{25 \times 10^{-3}\ m^3}$ = 40000 (mol), 1몰의 질량이 29 g 이므로 밀폐된 공간의 공기의 질량은 40000 × 29 = 1160000 g = 1.16 × 10^6 g 이다.

따라서 공급한 열량 = 비열 × 질량 × 온도 변화($\varDelta T$)이므로
2.76×10^6 J = 1 J/g·℃ × 1.16×10^6 g × $\varDelta T$,
$\varDelta T$ = 약 2.38 ℃ 가 된다(온도 상승). 연소 전 온도는 25 ℃이었으므로 연소 후 주위 온도는 25 + 2.38 = 27.38 ℃ 가 된다.

채점 기준

채점 기준	배점(점)
(1)의 답만 맞았을 때	2
(2)의 답만 맞았을 때	3
(1), (2) 의 답이 모두 맞을 때	5

13 답 (1) 1 M 설탕물이 더 높다. (2) 몰랄 농도 (3) 비커 B

해설 (1) 1M(몰 농도) 은 수용액 1 L 에 녹아 있는 용질이 1몰일 경우의 농도이다. 따라서 1M 수용액 100 mL 에는 설탕 0.1 몰 34.2 g 이 녹아 있다. 이 경우 물 100mL의 질량이 약 100g 일 때, 용매인 물만의 질량은 100 g 이 조금 덜 된다.

비커 A 는 물 100 g 에 설탕 0.1몰이 녹아 있으므로 1 m(몰랄 농도)가 된다. 이때 수용액의 부피는 100 mL 보다 조금 많게 된다. 따라서 1 m 수용액보다 1 M 수용액이 농도가 더 크므로 1M 설탕물의 끓는점이 더 높다.

(2) 가열하여 온도를 측정하는 경우, 온도가 올라가면 부피가 증가하여 몰 농도가 작아지는 등 일정하지 않으므로, 끓는점을 비교할 때는 질량을 기준으로 한 몰랄 농도를 사용하는 것이 적당하다.

(3) 비커 A 와 비커 B 수용액 모두 농도가 1 m 으로 같지만, 소금은 이온화하여 Na^+, Cl^- 로 나누어져서 물 입자가 기화하는 것을 설탕보다 더 많이 방해하므로 더 높은 온도에서 끓는다. 따라서 같은 농도의 설탕물보다 소금물의 끓는점이 더 높다.

채점 기준

채점 기준	배점(점)
3개중 1개만 답이 맞고 이유가 타당한 경우	1
3개중 2개만 답이 맞고 이유가 타당한 경우	3
3개의 답이 모두 맞으나 이유가 불충분할 경우	4
3개의 답이 모두 맞고 이유가 타당한 경우	5

14 답 (1) 2가지, 79, 81 (2) 5가지

해설 (1) Br 원자 두 개가 결합된 Br_2의 가능한 분자량은 다음과 같이 얻어진다.

Br 질량수	79	81
79	79 + 79 = 158	79 + 81 = 160
81	81 + 79 = 160	81 + 81 = 162

분자량인 160인 Br_2 은 두 번 계산이 되므로 존재비가 두 배이다. 따라서 Br의 동위 원소의 개수는 2개이며, 질량은

각각 79, 81 이다.

(2) H(질량수 1)와 중수소(질량수 2), 삼중수소(질량수 3)는 서로 동위원소이다. H와 Br이 다음과 같이 결합하여 HBr 이 생성될 때 HBr의 가능한 분자량은 80, 81, 82, 83, 84의 5가지이다.

H 의 질량수 / Br 의 질량수	1	2	3
79	80	81	82
81	82	83	84

채점 기준

채점 기준	배점(점)
(1)의 답만 맞았을 때	2
(2)의 답만 맞았을 때	3
(1), (2) 의 답이 모두 맞을 때	5

15 답 (1) 산화된 물질 : 은(Ag), 환원된 물질 : 비소(As)

(2) 금은 반응성이 은보다 더 작아서 화학 반응이 잘 일어나지 않기 때문이다.

(3) 계란 노른자에 포함된 황 성분이 은과 반응하여 검은색의 황화은(Ag_2S)이 되기 때문이다.

(4) 해설 참조

해설 (1) 비상과 은의 반응은 다음과 같다.
$As_2S_3 + 6Ag \rightarrow 3Ag_2S + 2As$
은은 $Ag \rightarrow Ag^+$ 과정에서 전자를 잃고 산화되고, 비상을 구성하는 원소인 비소(As)는 은이 잃은 전자를 얻어 환원된다.

(2) 은도 반응성이 작아서 검출 반응이 제한되어 있다.

(4) 냄비 속에 알루미늄 호일을 깔고, 그 위에 녹슨 은수저를 올려 놓는다. 베이킹 파우더를 녹인 물을 넣고, 가스레인지로 가열한다.

베이킹 파우더($NaHCO_3$) 수용액은 전해질 역할을 한다.
알루미늄 호일 : $2Al \longrightarrow 2Al^{3+} + 6e^-$
은수저의 검은 성분 : $3Ag_2S + 6e^- \longrightarrow 6Ag + 3S^{2-}$
전체 반응 : $3Ag_2S + 2Al \longrightarrow 6Ag + 2Al^{3+} + 3S^{2-}$
반응성이 큰 알루미늄이 전자를 잃어 산화되고, 녹슨 은(Ag_2S)에서 은 이온이 은(Ag)으로 환원되면서 다시 광택을 찾은 것이다. 이 반응에서 은수저와 알루미늄 모두 질량이 감소한다.

채점 기준

채점 기준	배점(점)
(1)~(3) 중 맞은 개수당	1
(4)가 타당한 경우	1
답이 모두 타당할 때	5

16 답 (1) Na_2CO_3(탄산 나트륨) (2) 해설 참조

해설 (1) 화학식 : $2NaOH + CO_2 \longrightarrow Na_2CO_3 + H_2O$
(2) NaOH가 공기 중의 이산화 탄소를 흡수하여 탄산 나트륨(Na_2CO_3)이 생성되며, 방치할 경우 수분이 증발하여 탄산 나트륨 흰가루로 남게 된다.

채점 기준

채점 기준	배점(점)
(1)의 답만 맞았을 때	2
(1)의 답이 틀렸으나 (2)의 설명이 타당할 때	3
(1), (2) 의 답과 설명이 모두 타당할 때	5

17 답 (1) ㄱ, ㄷ (2) ④

해설 (1) 마그마는 고온에서 현무암질 마그마가 생성되고 차츰 온도가 낮아지면서 안산암질 마그마, 유문암질 마그마로 분화되어 간다. 감람석과 휘석과 같은 유색 광물은 분화 초기에 정출되어 현무암질 암석이 검은색을 띠게 된다. 점성은 SiO_2성분이 많을수록 커지는데 이때문에 SiO_2성분이 서로 뭉쳐져 마그마의 흐름을 방해한다. 따라서 온도가 낮은 방향으로 분화가 진행됨에 따라 SiO_2성분이 많아지고, 점성이 점차 커지게 된다.
(2) ①, ② 화강암은 마그마 분화 후기 산물(화산암)이므로 사장석은 Na-사장석이 많다. ③ 규장질 광물은 Ca-사장석과 Na-사장석과 같은 무색광물을, 철질 광물은 감람석, 휘석과 같은 유색광물을 의미하는 것으로 화성암에서는 불연속 계열의 광물인 철질 광물과 연속 계열의 광물인 규장질 광물이 함께 산출될 수 있다. ④ 감람석이나 휘석은 마그마 분화 초기의 고온 광물이고, 흑운모, 정장석, 석영은 후기의 저온 광물이기 때문에 동시에 존재하기 어렵다. ⑤ 지표의 환경은 저온 환경이다. 따라서 상대적으로 저온에서 생성된 암석이 풍화에 더 강하다.

채점 기준

채점 기준	배점(점)
(1)의 답만 맞았을 때	2
(2)의 답만 맞았을 때	3
(1), (2) 의 답이 모두 맞을 때	5

18 답 B 지역

해설 B 지역은 거리 상으로는 우물에 더 가까이 있지만 불투수층인 점토로 구성되어 있어서 매립장의 침출수가 아래로 내려가지 않아서 우물을 오염시키지 않는다. 반면에 A 지역은 거리상으로는 우물과 멀리 떨어져 있지만 사암 지역이어서 매립장의 오염물질(침출수)이 지층을 투과하여 아래로 내려가 우물을 오염시키게 된다. 따라서 B지역이 쓰레기 매립장으로 적절하다.

채점 기준

채점 기준	배점(점)
답만 맞았을 때	2
설명이 충분하지 않고 답이 맞을 때	3
설명이 타당하고 답이 정확할 때	5

19 답 (1) 2cm/년 (2) 빙하가 녹으면서 주변보다 지각이 상승하여 해수면 위로 융기하는 조륙 운동이 일어났다.

해설 (1) B 지역은 해발 고도 변화량이 120m이므로 6,000년 동안 120m 상승하였고, 해발 고도의 평균 변화율은 $\dfrac{(120 \times 100)\text{cm}}{6,000\text{년}}$ = 2cm/년이다.

채점 기준

채점 기준	배점(점)
(1)의 답만 맞았을 때	2
(1)의 답이 틀렸으나 (2)의 설명이 타당할 때	3
(1), (2) 의 답과 설명이 모두 타당할 때	5

20 답 (1)

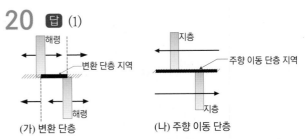

(가) 변환 단층 (나) 주향 이동 단층

(2) 공통점 : 수평 방향으로 지층의 상대적인 운동이 일어난다.
차이점 : 변환 단층은 양쪽 해령 사이 지역에서 지진이 발생하지만, 주향 이동 단층은 단층 지역 어디서나 지진이 발생한다.

해설 (2) 변환 단층은 지각이 생성되어 양쪽으로 이동하는 해령 사이에서 반대 방향으로 이동하는 단층으로 지진이 일어난다. 주향이동 단층은 단층 양쪽의 상대적인 이동이 일어나는 전체 지역이다. 이 경우 지진은 단층 지역 전체에서 발생한다.

채점 기준

채점 기준	배점(점)
(1)의 그림만 맞았을 때	2
(1)의 그림이 틀렸으나 (2)의 설명이 타당할 때	3
(1)의 그림이 맞고 (2)의 설명이 타당할 때	5

21 답 (1)푸른색 잉크를 섞은 소금물은 보통 물보다 밀도가 크므로 바닥으로 가라앉는 것이다.

(2)· A 과정에서 수조에 상온의 물 대신 더운 물을 채운다.
· B 과정에서 종이컵에 더 차가운 소금물을 붓는다.
· B 과정에서 종이컵에 더 짠 소금물을 붓는다.
(3) 고위도 지방, 고위도 지방은 염분이 높고 해수의 수온이 낮아 밀도가 높게 나타난다. 따라서 극 지방의 해수가 가장 침강이 잘 일어날 것이다.

채점 기준

채점 기준	배점(점)
(1)의 설명이 타당할 때	1
(2)의 타당한 방법을 2개 이하 찾았을 때	1
(2)의 타당한 방법을 3개 이상 찾았을 때	2
(3)의 장소와 설명이 타당할 때	2
총 배점 (1)+(2)+(3)	5

22 답 334g

해설 ① 10 ℃에서 습도 60%일 때 공기 1㎥에 포함된 수증기의 질량(x_1)은 상대 습도를 구하는 공식에서 구할 수 있다. 10℃에서 포화 수증기량은 9.4 g 이다.

$$상대\ 습도(\%) = \frac{현재\ 공기에\ 포함된\ 수증기량(g/m^3)}{현재\ 기온에서의\ 포화\ 수증기량(g/m^3)} \times 100$$

$$60 = \frac{x_1}{9.4} \times 100 \rightarrow x_1 = 5.64g$$

② 비닐하우스의 온도가 18℃, 습도가 80%가 되도록 하기 위해서 비닐하우스 공기 1㎥ 에 포함되어야 하는 수증기량(x_2)은 다음과 같다. 18℃에서 포화 수증기량은 15.4g이다.

$$80 = \frac{x_2}{15.4} \times 100 \rightarrow x_2 = 12.32(g)$$

따라서 1m³ 공기 속에 추가되어야 하는 수증기의 양
= $x_2 - x_1$ = 12.32 - 5.64 = 6.68g
비닐하우스의 부피는 50m³이므로 추가되어야 하는 총 수증기량은 6.68 × 50 = 334g

채점 기준	배점(점)
정답이 맞은 경우(부분 점수 없음)	5

23 답 (1)

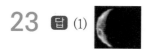

(2) 우리나라에서 관측한 초승달(서쪽 하늘 저녁 7시 ~ 9시)

해설 (1) 호주 캘거리는 경도가 121° ~ 127°E로 우리나라 경도 127°E와 거의 비슷하며, 위도는 30° ~ 47°S이어서 우리나라 37°N 과 적도를 중심으로 대칭이다. 따라서 호주 캘거리에서는 서울에서와 달의 위상이 반대로 나타난다. 서울에서 초승달이 보였다면, 캘거리에서는 왼쪽이 보이는 초승달(우리나라에서의 그믐달 모양)로 나타난다.
(2) 북반구에서는 초승달의 오른쪽(서쪽)에 태양이 위치하고 초저녁에 서쪽 지평선으로 태양이 지면 초승달이 보였다가 이윽고 진다. 낮에 태양이 있을 때는 태양 광선에 의해 초승달이 보이지 않지만 태양의 왼쪽(동쪽)에서 태양을 따라 천구 면을 회전함을 알 수 있다. 이는 지구가 자전하기 때문에 생기는 현상이다.

채점 기준	배점(점)
(1)의 그림이 타당할 때	2
(2) 시각에 따른 초승달을 타당하게 그렸을 때	2
(2) 관측 가능한 시각과 방향이 맞을 때	1
총 배점 (1)+(2)	5

24 답 (1) 이유 : 지구를 포함한 행성들의 공전 궤도면이 거의 일치하기 때문이다.
(2) 가장 밝은 행성인 목성과 가장 어두운 행성인 화성 간의 등급 차는 4등급이며, 밝기 차는 $(2.5)^4$ = 약 40배 이다.
(3) 하루 후에 달을 관찰하면, 달은 하룻 동안 같은 방향으로 공전하므로 같은 위치에서 달을 관찰하려면 지구가 13° (53분)더 자전해야 한다. 따라서 달이 지는 시각(지평선에 위치하는 시각)이 매일 53분 씩 늦어진다.

해설 (1) 행성들이 대부분 황도 부근에서 관측되는 이유는

행성들의 공전 궤도면이 지구의 공전 궤도면과 거의 일치하기 때문이다. 4월 7일 초저녁 태양이 지평면 아래로 지면서 목성, 화성, 토성 등 행성과 달 및 별들이 서쪽 하늘에 보였으므로 각 행성과 태양 달의 상대적 위치는 그림과 같다.

(2) 등급이 낮을수록 밝게 보이며, 등급 당 밝기는 2.5배 차이난다. 가장 밝게 보이는 목성과 가장 어둡게 보이는 화성 사이의 등급 차는 4등급이며, 밝기는 $(2.5)^4$ = 약 40배 차이이다.

(3) 항성월은 27.3일 이므로 달은 하루 동안에 13° ($\frac{360°}{27.3일}$ 늑 13°) 씩 서 → 동으로 지구 둘레를 공전한다. 달의 공전 방향과 지구의 자전 방향이 같으므로 천구 상 같은 위치에서 달을 관찰하려면 지구가 13°를 더 자전해야 하는데, 그 시간이 53분이다. (360° : 24 × 60분 = 13° : X) 따라서 4월 5일 이후 달이 지평면 아래로 지는 시각은 매일 53분씩 늦어진다.

채점 기준	배점(점)
(1)의 이유가 맞을 때	1
(2)의 밝기 차의 설명과 답이 타당할 때	2
(3)의 늦어 지는 시각이 정확할 때	1
(3)의 이유가 타당할 때	1
총 배점	5

25 답 (1) 효소가 없기 때문이다.
(2) 바이러스는 스스로 물질대사를 할 수 없어 살아 있는 생물체 내에서 기생하므로 생물체보다 나중에 출현한 것으로 볼 수 있다.

해설 (1) 모든 생명체의 몸에서 물질대사 즉, 화학 반응이 일어나기 위해서는 생체 촉매인 효소가 반드시 필요한데 바이러스는 자신의 효소를 가지고 있지 않아 숙주 생물체의 효소를 이용한다.
(2) 바이러스는 매우 원시적인 구조를 하고 있으므로 지구상에 최초로 출현하였을 것이라고 생각하기 쉽지만 그렇지 않다. 바이러스는 효소가 없어 반드시 살아 있는 숙주 생물체에 기생하여 숙주의 효소를 이용하여 생명 활동을 하기 때문에 지구상에 최초로 출현한 생물체로 볼 수 없다.

26 답 ②

이유 : (나)는 DNA의 대부분이 포함된 것으로 보아 핵, (라)는 소포체 세포막 성분인 인지질과 당지질이 특히 많은 막성소기관인 소포체, (마)는 RNA와 단백질로 이루어져 있는 가장 작은 세포 소기관인 리보솜이다. 따라서 (다)는 미토콘드리아라는 것을 알 수 있다.

해설 원심 분리하면 각각의 시험관에는 다음과 같은 세포 소기관이 존재하게 된다.
(나) 핵, (다) 미토콘드리아, 라이소좀, (라) 소포체, 골지체와 같은 막성소기관, (마) 리보솜, 세포액
① (나)의 시험관 안의 침전물은 세포 내에서 가장 크고 뚜렷하게 관찰할 수 있다.
② (다)의 시험관 안의 침전물은 세포 내에서 산소 소비량이 가장 많은 세포 소기관이다.
③ (라)의 시험관 안의 침전물은 단일막으로 이루어진 세포 소기관이다.
④ (마)의 시험관 안의 침전물은 막으로 싸여 있지 않은 세포 소기관이다.

채점 기준

채점 기준	배점(점)
답만 맞았을 때	2
답이 맞고 이유가 타당할 때	5

27 답 (1) 조직

(2) 인공 배양된 피부는 상피 세포로만 구성된 상피 조직이지만 실제로 우리 몸을 감싸고 있는 피부에는 여러 감각 세포와 조직액을 구성하는 세포 등 다양한 세포들이 존재한다. 또 우리 피부는 모낭, 털, 땀샘, 피지선 등 여러 부속 기관을 보유하고 있다

해설 피부는 기능이 비슷한 세포로 구성되어 있는 조직이다. 피부는 단순히 인체의 외부를 싸고 있는 포장지가 아니다. 피부의 주 역할은 체액의 유실을 막아주고 외부로부터 유해 물질과 미생물의 유입을 막으며 외부 충격, 방사선과 자외선 등으로부터 우리 몸을 보호하는 기능을 수행하고 있는 조직이다. 피부는 모낭, 털, 땀샘, 피지선 등 여러 부속 기관을 보유하고 있어 보호막 기능 외에도 다양한 기능을 수행하고 있는 중요한 복합 조직이다. 피부는 상층부의 표피(epidermis), 표피층 하단부의 기저막(basementmembrane), 진피(dermis)로 구성된다. 표피에 비해, 진피의 두께는 부위에 따라 많은 차이가 있지만 표피의 약 3배 정도이다.

28 답 (1) A : 이산화 탄소   B : 포도당

(2) 산소, 다른 동물의 호흡에 이용한다.
(3) 온실 효과를 일으키는 대기 중의 이산화 탄소를 식물이 광합성할 때 흡수하므로
(4) 식물의 잎을 에탄올로 탈색시킨 후 아이오딘 - 아이오딘화칼륨 용액을 떨어뜨려 녹말이 있는지를 확인한다.

해설 (1) 광합성은 엽록체에서 물과 이산화 탄소(무기물)를 이용하여 포도당(유기물)을 합성하는 대표적인 동화 작용이다. 물질을 합성하는 과정에는 에너지가 필요하므로 빛에너지를 흡수하게 된다.
(2) 식물의 광합성 과정에서 발생하는 산소는 식물은 물론 다른 생물들의 호흡에 이용되어 유기물을 산화시킬 때 쓰이게 된다.
(3) 식물은 광합성 과정에서 이산화 탄소를 흡수하여 지구 온난화를 방지할 수 있으므로 농경지나 열대 우림을 보호하고 나무를 많이 심어야 한다.
(4) 광합성 결과 합성된 포도당은 곧바로 녹말로 합성되므로 아이오딘 - 아이오딘화칼륨 용액을 떨어뜨려 단백질이 존재할 때 청남색으로 색깔이 변하는 것을 확인한다.

채점 기준

채점 기준	배점(점)
(1)이 맞을 때	1
(2)의 기체의 종류와 설명이 모두 타당할 때	1
(3)의 설명이 타당할 때	1
(4)의 설명이 타당할 때	2
총 배점 (1)+(2)+(3)+(4)	5

29 답 (1) 사람의 후각이 개보다 둔한 것처럼 어느 정도의 감각 능력은 타고 난다. 하지만 훈련을 통해 능력이 개선되고 향상될 수 있다. 따라서 우주 비행사를 뽑을 때 적응 능력이 뛰어난 사람을 뽑기도 하지만 지속적인 훈련을 통해 그 능력을 발달시키기도 한다.

(2) 느낄 수 없다 : 우주에는 중력이 없기 때문에 적합 자극이 중력인 전정 기관이 작동하지 않으므로 몸이 기울어진 것을 전혀 느끼지 못한다.

채점 기준

채점 기준	배점(점)
(1)의 서술이 과학적이고 타당할 때	2
(2)의 답이 맞지만 설명이 부족할 때	1
(2)의 답이 맞고 설명이 타당할 때	2
총 배점 (1)+(2)	5

30 답 ㄱ, ㄷ, ㄹ, ㅇ

해설 ㄱ. 투석막은 반투과성 막으로 되어 있어 단백질이나 적혈구 같은 큰 물질은 통과시키지 않고 포도당이나 노폐물 같은 작은 물질만 통과시킨다.

ㄴ. 요소는 반투과성막을 통과할 수 있기 때문에 투석 장치를 통해 혈액 속의 요소를 걸러주어 혈액내 요소의 농도를 낮추어 줄 수 있다.

ㄷ. 단백질은 분자량이 크기 때문에 반투과성 막을 통해 여과되지 않는다. 투석액에 단백질을 넣어도 혈액 속으로 들어갈 수 없기 때문에 신선한 투석액에 단백질을 넣어줄 필요는 없다.

ㄹ. A 기능에 이상이 있는 경우 사구체로부터 보먼주머니로의 여과 작용이 원활하지 않아 오줌의 생성이 정상적으로 이루어지지 않는다. 이런 경우 투석 장치를 이용하여 혈액에 있는 요소 등의 노폐물을 제거한다.

ㅁ. 투석 장치의 투석막은 반투과성막이므로 혈구와 단백질과 같은 고분자 물질은 통과시키지 못한다. 따라서 혈액 투석 장치를 이용하더라도 환자의 혈구들이 투석액으로 여과되지는 않는다.

ㅂ. 투석 장치의 원리는 반투과성 막을 통해 저분자 물질이 확산되는 것이지만, 포도당을 세뇨관에서 모세혈관으로의 재흡수 과정은 에너지를 이용한 능동수송에 의해 일어나므로 원리는 서로 다르다.

ㅅ. 사용된 투석액에는 환자의 혈액으로부터 이동한 요소가 함유되어 있고, 네프론의 B는 집합관으로 네프론을 거치며 생성된 오줌이 있으므로 역시 요소가 들어 있다.

ㅇ. 신선한 투석액은 요소가 포함되어 있지 않고 그 외의 성분은 혈액과 같은 농도로 맞춰주어야 한다. 그 이유는 요소 이외의 물질들이 농도 차에 의해 혈액에서 빠져나오는 것을 방지하기 위해서이다.

ㅈ. 투석막을 통해 환자의 혈액에 있던 요소가 투석 장치를 통해 걸러져 외부로 빠져나가기 때문에 요소의 농도는 동맥에서 나온 혈액에서 높게 나타나고, 투석 장치를 통과하여 정맥으로 들어가는 혈액에서는 낮게 나타난다.

채점 기준

채점 기준	배점(점)
정답이 모두 맞은 경우(부분 점수 없음)	5

31 답 (1)

구분	1 란성 쌍생아	2 란성 쌍생아
남녀 성별	같다	다를 수 있다.
생김새	같다	다르다
난자의 수	1 개	2 개
정자의 수	1 개	2 개

(2) 1 란성 쌍생아 : 하나의 수정란이 2 세포기에 분리되어 독립된 개체로 발생한다.
2 란성 쌍생아 : 배란 이상으로 독립된 2 개의 난자가 배란되어 생긴 수정란이 각각 자궁에 착상하여 발생한다.

(3) 1 란성 쌍생아 : 하나의 수정란에서 출발하였기 때문에 유전적 특성이 같다.

2 란성 쌍생아 : 다른 수정란에서 발생하므로 유전적 특성이 다르다.

해설 쌍생아는 하나의 난자와 하나의 정자가 결합하여 생성된 수정란이 두 개로 분리되어 성장하는 1 란성과, 보통 난자가 두 개 배란되어 각각 별도의 정자와 수정하여 발육하는 2 란성이 있다. 1 란성 쌍생아는 두 명 모두 남자가 되거나 여자가 되며, 서로 많이 닮지만 태반이 하나밖에 없는 경우 발육에는 조금 차이가 있다. 지문과 손금은 예외다. 2 란성 쌍생아는 한쪽은 남자 아이가 되고, 한쪽은 여자 아이가 되는 경우도 있으며, 태반이 각각 있어 그다지 발육의 차이가 나타나지 않는다.

채점 기준

채점 기준	배점(점)
(1)이 모두 맞을 때	3
(2)의 설명이 타당할 때	1
(3)의 설명이 타당할 때	1
총 배점 (1)+(2)+(3)	5

32 답 (1) A : ffgg, B : FfGG, C : FfGg, D : FFGg
(2) 50%   (3) 25%

해설 (1) fg 를 퍼넷 사각형에서 교배하는 방식으로 각 생식 세포와 검정교배하여 쉽게 F_1의 유전자형을 찾을 수 있다. A~D를 각각 검정 교배하였으므로, 개체들은 열성 인자를 하나씩 가지고 있음을 알 수 있으며, 이를 표로 나타내면 아래와 같다.

부풀고 녹색	부풀고 황색	수축하고 녹색	수축하고 황색
FfGg	Ffgg	ffGg	ffgg

· A의 F_1 검정 교배 결과

	FG	Fg	fG	fg
fg	FfGg	Ffgg	ffGg	ffgg
개체수	0	0	0	400

A는 수축하고 황색 콩깍지만 나왔으므로 f와 g의 생식 세포만 형성한다는 것을 알 수 있다. 따라서 A의 유전자형은 ffgg이다.

· B의 F_1 검정 교배 결과

	FG	Fg	fG	fg
fg	FfGg	Ffgg	ffGg	ffgg
개체수	200	0	200	0

A와 동일한 방식으로 유전자형을 분석하면 위의 표와 같다. 따라서 B는 생식 세포로 FG와 fG를 가지고 있으며 유전자형은 FfGG이다.

· C의 F_1 검정 교배 결과

	FG	Fg	fG	fg
fg	FfGg	Ffgg	ffGg	ffgg
개체수	50	50	50	50

C는 생식 세포로 FG, Fg, fG, fg를 모두 가지고 있으며 유전자형은 FfGg이다.

· D의 F_1 검정 교배 결과

	FG	Fg	fG	fg
fg	FfGg	Ffgg	ffGg	ffgg
개체수	200	200	0	0

D는 생식 세포로 FG와 Fg를 가지고 있으며 유전자형은 FFGg이다.

(2) ㉠의 유전자형은 ffGg이다. 이를 검정 교배할 경우 나오는 F_2의 유전자형은 다음 표와 같다.

㉠	fG	fg
fg	ffGg	ffgg

따라서 ㉠과 동일한 유전자형을 가지는 자손은 50%이다.

(3) 유전자형 FfGg인 C와 유전자형 FFGg인 D를 교배하여 나타나는 자손형의 비는 아래 표와 같다.

D\C	FG	Fg	fG	fg
FG	FFGG	FFGg	FgGG	FfGg
Fg	FFGg	FFgg	FfGg	Ffgg

따라서 태어난 자손 중 동형 접합은 25%가 된다.

채점 기준

채점 기준	배점(점)
(1)이 모두 맞을 때	2
(2)가 맞을 때	2
(3)가 맞을 때	1
총 배점 (1)+(2)+(3)	5

01 답 $\dfrac{Mv^2}{4g(2M+m)}$

해설 A와 B가 충돌한 직후 물체(질량 m)은 속력 v를 유지한다.

수레 A, B : $Mv = 2MV_1$, $V_1 = \dfrac{v}{2}$ (한 덩어리로 운동)

충돌 후 물체 m의 속력이 더 빠르므로 빗면을 타고 올라간다. 물체 m이 최고점에 도달했을 때 (수레 A, B+질량 m)은 같은 속도 V_2로 운동한다. 운동량 보존에 의해

(충돌 직후) $mv + 2M\dfrac{v}{2} = (2M+m)V_2$ (A, B, m 한덩어리)

$$V_2 = \dfrac{(M+m)v}{2M+m}$$

충돌 이후 마찰은 없으므로 충돌 직후와 물체가 최고점일 때 역학적 에너지가 보존된다. 물체 m의 최고점 높이를 H라고 하면,

$$\frac{1}{2}mv^2 + \frac{1}{2}(2M)\left(\frac{v}{2}\right)^2 = \frac{1}{2}(2M+m)\left[\frac{(M+m)v}{2M+m}\right]^2 + mgH$$

$$\frac{1}{4}(2m+M)v^2 = \frac{(M+m)^2}{2(2M+m)}v^2 + mgH$$

$$mgH = \left[-\frac{(M+m)^2}{2(2M+m)} + \frac{1}{4}(2m+M)\right]v^2$$

$$= \left[\frac{-2(M+m)^2 + (2m+M)(2m+M)}{4(2M+m)}\right]v^2$$

$$= \left[\frac{Mm}{4(2M+m)}\right]v^2$$

$$\therefore H = \frac{Mv^2}{4g(2M+m)}$$

채점 기준

채점 기준	배점(점)
답은 맞지만 풀이가 정확하지 않을 때	3
답과 풀이가 타당할 때	5

02 답 (1) $2V$만큼 더 빨라진다. (2) $2V$만큼 더 느려진다.

해설 (1) 우주선의 질량을 m, 행성의 질량을 M($\gg m$)이라고 하고, 탄성 충돌이므로 반발계수는 1, 운동량은 보존되므로,

$$\begin{cases} mv + MV = mv' + MV' \text{(운동량 보존)} \cdots ① \\ v - V = V' - v' \text{(반발계수 = 1)} \cdots ② \end{cases}$$

$$\begin{aligned} & mv + MV = mv' + MV' \cdots ① \\ -) & Mv - MV = MV' - Mv' \cdots ② \times M \\ \hline & (m-M)v + 2MV = (M+m)v' \end{aligned}$$

$$v' = \frac{(m-M)v}{M+m} + \frac{2MV}{M+m} = \frac{(m/M-1)v}{1+m/M} + \frac{2V}{1+m/M}$$

$M \gg m$ 일 때 m/M은 0에 접근하므로 v'는 다음과 같다.

$$v' \cong -v + 2V$$

$V < 0$ 이므로 우주선의 속력은 접근 속력에 비해서 나중에 행성과 같은 방향으로 $2V$만큼 더 빠른 속력이 된다.

(2) $v' \cong -v + 2V$ 식은 그대로 유지되며, $V > 0$ 이므로 우주선의 속력은 접근 속력에 비해서 나중에 행성과 반대 방향으로 $2V$만큼 더 느린 속력이 된다.

채점 기준

채점 기준	배점(점)
(1), (2) 모두 답이 맞으나 풀이가 충분하지 않을 때	3
(1), (2) 모두 답이 맞고 풀이가 타당할 때	5

03 답 (1) $\rho_0 g A h_0$(또는 $\rho g A h$) (2) $2\pi\sqrt{\dfrac{\rho h}{\rho_0 g}}$

해설 (1) 부력 = 물체가 밀어낸 유체의 무게
= 물체가 밀어낸 유체의 질량 × 중력 가속도
= 유체의 밀도 × 물체가 밀어낸 유체의 부피 × 중력 가속도이다.
액체 속에 잠긴 물체의 부피를 V 라고 하면, 물체가 받는 부력의 크기는 다음과 같다. 부력은 물체의 무게와 평형을 이루고 있다.

부력 $= \rho_0 V g = \rho_0 g A h_0 =$ 물체의 무게$(\rho g A h)$

(2) 평형 상태에서는 물체에 작용하는 중력과 부력은 같다.

$$mg - F_{부} = 0 \;\rightarrow\; mg = F_{부}$$

$$\rho A h g = \rho_0 A h_0 g \;\rightarrow\; h_0 = \frac{\rho}{\rho_0} h$$

평형 상태의 물체를 액체 속으로 x만큼 더 밀어 넣었을 때 물체에 작용하는 힘(복원력)은 다음과 같다.

복원력 $= mg - (F_{부} + $ 더 밀어 넣은 부피에 의한 부력 $F_{부B})$
$= \rho A h g - (\rho_0 A h_0 g + \rho_0 A x g) = -\rho_0 g A x$

즉, 복원력은 더 밀어 넣은 부피에 의한 부력과 같다.
단진동하는 물체에 작용하는 힘 $F = -m\omega^2 x = -\rho_0 g A x$ 이므로,

$$\omega = \sqrt{\frac{\rho_0 g A}{m}}, (m = \rho A h)$$

$$\therefore \text{주기 } T = \frac{2\pi}{\omega} = 2\pi\sqrt{\frac{m}{\rho_0 g A}} = 2\pi\sqrt{\frac{\rho h}{\rho_0 g}}$$

채점 기준

채점 기준	배점(점)
(1)의 답이 맞고 풀이가 타당할 때	2
(2)의 답이 맞고 풀이가 타당할 때	3
(1),(2)의 답이 맞지만 풀이가 타당하지 않을 때	각 1점씩 감점
총 배점 (1)+(2)	5

04 답 500 N

해설

해설 팔꿈치 접점을 회전축으로 돌림힘의 평형이 성립한다.
이두박근이 아래 팔에 작용하는 힘을 F 라 했을 때,
$F \times 0.05 = (2 \times 10 \times 0.2) + (7 \times 10 \times 0.3) = 25$ N·m
따라서 $F = 500$ N 이다.

채점 기준

채점 기준	배점(점)
답이 맞고 풀이가 타당할 때	5
답이 맞으나 풀이가 충분하지 않을 때	3

05 답 (1) $\dfrac{390}{T}$ (2) 1,027 ℃

해설

공기가 출입하는 열기구 내부 공기의 물리량 / 열기구와 같은 부피의 공기의 물리량

(1) 열기구 내의 공기의 온도가 올라가면 공기의 부피가 팽창하지만 열기구의 부피는 100m³ 로 고정되어 있으므로 일정량의 공기는 밖으로 빠져나가게 된다. 이때 열기구의 아래 부분은 열려 있으므로 열기구 내의 압력은 대기압과 같은 1기압이다.

이상 기체의 상태 방정식 $PV = nRT \;\rightarrow\; n = \dfrac{PV}{RT}$ 이고, 부피가 같은 공기의 몰수 비는 다음과 같다.

$$\therefore n : n_0 = \frac{1 \times 100}{RT} : \frac{1 \times 100}{R \cdot 300} = \frac{100}{T} : \frac{1}{3} = 300 : T$$

몰질량이 M, 질량이 m인 기체의 몰수 $n = \dfrac{m}{M} \;\rightarrow\; m = nM$ 이므로, 몰수는 질량에 비례하고, 밀도 $= \dfrac{질량}{부피}$ 이다. 현재 공기의 밀도가 1.3 이므로, 밀도의 비는 다음과 같다.

$$\rho : 1.3 = \frac{n}{100} : \frac{n_0}{100} = 300 : T \quad \therefore \rho = \frac{390}{T}$$

(2) 열기구는 (열기구 + 열기구 내부의 공기)의 무게가 동일한 부피의 대기의 무게(부력)보다 작을 때 상승하게 된다. 무게 = 부피 × 밀도× g 이고, 열기구의 질량은 100kg, 부피는 100m³이므로 다음과 같은 식이 성립한다.

$$(100 + 100\rho) \times g \leq 100 \times 1.3 \times g$$

$$\rightarrow 100 + 100 \times \frac{390}{T} \leq 130$$

$$\therefore T \geq 1,300(K) = 1,027(℃)$$

채점 기준

채점 기준	배점(점)
(1)의 답이 맞고 풀이가 타당할 때	3
(2)의 답이 맞고 풀이가 타당할 때	2
(1),(2)의 답이 맞지만 풀이가 정확하지 않을 때	각 1점씩 감점
총 배점 (1)+(2)	5

06 답 (1) A: 7.5×10^4 B: -9.75×10^5 (2) 4.2 (J)

해설 전하 q_1 와 전하 q_2 는 각각 꼭지점 A로부터 12cm, 4cm 떨어진 곳에 있으므로 A점의 전위는 다음과 같다.

$$V_A = k\frac{q_1}{0.12} + k\frac{q_2}{0.04} = (9 \times 10^9)\left(\frac{-5 \times 10^{-6}}{0.12} + \frac{2 \times 10^{-6}}{0.04}\right)$$
$$= 7.5 \times 10^4 (V)$$

전하 q_1 와 전하 q_2 는 각각 꼭지점 B로부터 4cm, 12cm 떨어진 곳에 있으므로 B점의 전위는 다음과 같다.

$$V_B = k\frac{q_1}{0.12} + k\frac{q_2}{0.04} = (9 \times 10^9)\left(\frac{-5 \times 10^{-6}}{0.04} + \frac{2 \times 10^{-6}}{0.12}\right)$$
$$= -9.75 \times 10^5 (V)$$

(2) 외부에서 한 일은 계의 퍼텐셜 에너지의 변화와 같다. 전하 q_3 가 꼭지점 A에 있을 때 퍼텐셜 에너지를 U_A, 꼭지점 B에 있을 때 퍼텐셜 에너지를 U_B라고 하면, 전하를 B에서 A로 옮기는 데 한 일 W 은 다음과 같다.

$$W = U_A - U_B = q_3(V_A - V_B)$$
$$= (4 \times 10^{-6})(7.5 \times 10^4 + 9.75 \times 10^5) = 4.2 (J)$$

채점 기준

채점 기준	배점(점)
(1)의 답이 맞고 풀이가 타당할 때	3
(2)의 답이 맞고 풀이가 타당할 때	2
(1),(2)의 답이 맞지만 풀이가 충분하지 않을 때	각 1점씩 감점
총 배점 (1)+(2)	5

07 답 $m = \dfrac{qLB}{\sqrt{2}v}$

해설 $(0, 0)$, $(0, -L)$을 밑변으로 하는 직각 삼각형의 꼭지점이 원궤도의 중심 O가 되어 다음 그림과 같다.

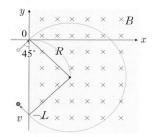

대전 입자의 운동 궤도 반지름을 R 이라고 하면, $L^2 = R^2 + R^2$ 이므로, $R = \dfrac{L}{\sqrt{2}}$ ⋯ ㉠ 이다.

대전 입자는 로런츠 힘이 구심력이 되어 등속 원운동하므로,

$$qvB = \frac{mv^2}{R} \rightarrow m = \frac{qRB}{v} \quad \cdots ㉡$$

이다. ㉡에 ㉠을 대입하면 입자의 질량 m은 다음과 같다.

$$m = \frac{qLB}{\sqrt{2}v}$$

채점 기준

채점 기준	배점(점)
답이 맞을 때	5

08 답 약 3.51 (m)

해설 거울 뒤에 상이 생기는 위치를 P, 거울에서 P까지의 거리를 h 라고 하자. 그림과 같이 각 지점과 각을 정하면, 관찰되는 전구의 빛은 D 점에서 수면에 비스듬히 입사하여 굴절된 후 거울의 C 점에서 반사하여 E 점으로 나와 눈에 도달한다. 이때 상에서 빛이 직진하여 눈에 도달하는 것으로 인식된다. D 점에서 입사각을 i 라고 하고, 굴절각을 r 이라고 하면, 거울면 C 점에서 입사각과 반사각

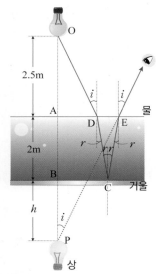

은 모두 r 이 되고, E 점에서는 입사각이 r, 굴절각이 i 가 되며, E 점으로 나오는 빛을 연장하면 상이 맺히는 P 점과 만난다.

$\triangle$PEA에서 $\tan i = \dfrac{\overline{AE}}{2 + h}$ $\left(\text{or } \tan(90 - i) = \dfrac{2 + h}{\overline{AE}}\right)$ 이고, $\triangle$OAD에서 $\overline{AD} = 2.5\tan i$, $\triangle$DCE에서 $\overline{DE} = 2 \times (2\tan r)$ 이다. 따라서 $\overline{AE} = \overline{AD} + \overline{DE} = 2.5\tan i + 4\tan r$ 이므로,

$$2 + h = \frac{\overline{AE}}{\tan i} = \frac{2.5\tan i + 4\tan r}{\tan i}$$
$$\therefore h = \frac{2.5\tan i + 4\tan r}{\tan i} - 2$$

굴절 법칙에 의해 $n_{공기}\sin i = n_{물}\sin r$ → $\sin i = 1.33\sin r$ 빛의 경로가 전구를 지나는 수직축에 매우 가까우므로, $\sin\theta \approx \tan\theta \approx \theta$ 를 사용하면,

$$\therefore h \approx \frac{2.5(1.33\sin r) + 4\sin r}{1.33\sin r} - 2 = 5.51 - 2 = 3.51 (m)$$

채점 기준

채점 기준	배점(점)
답이 맞고 풀이가 타당할 때	5
답이 맞으나 풀이가 정확하지 않을 때	3

09 답 6

해설 실험 1에서 반응하지 않고 남은 기체 B가 10 mL 이므로 반응한 기체 B는 30mL 이다. 따라서 반응물과 생성물의 부피비는 10mL : 30mL : 20mL = 1 : 3 : 2이다. 실험 2, 3에서도 같은 부피비로 반응한다. 부피비 = 계수비이므로 전체 화학 반응식은 A + 3B ⟶ 2C이며, 계수의 총합은 1 + 3 + 2 = 6이다.

채점 기준

채점 기준	배점(점)
답이 맞고 풀이가 타당할 때	5
답이 맞으나 풀이가 정확하지 않을 때	3

10 답 약 40 g

해설 문을 열었다 닫으면 냉장고 안의 온도가 27 ℃ 가 되고 기압은 1 atm이 된다. 0 ℃, 1 atm(표준 상태)일 때 1몰의 부피는 22.4 L 이므로, 27 ℃, 1 atm일 때 1몰의 부피는 24.615 L 이다.

$$\frac{PV}{T} = \frac{P'V'}{T'} \rightarrow \frac{1 \times 22.4}{273+0} = \frac{1 \times x}{273+27}, \, x = 24.615 \, (\text{L})$$

공기 24.615 L 가 1몰이므로 같은 온도 227 L는 9.22몰이다. 이제 냉장고 내부의 온도가 27℃→ 0 ℃로 냉각될 때 냉장고 내부 부피와 공기 분자 수(몰수)는 변하지 않고, 내부 압력이 변한다. 보일-샤를 법칙 ($\frac{PV}{T} = \frac{P'V'}{T'}$)에서 V가 일정하면, 기체의 압력(P)은 절대 온도(T)에 비례한다. 따라서 온도가 27℃ (= 300 K) 일 때 1기압이면, 0 ℃ (= 273 K) 일 때는 0.91기압이 된다.
 따라서 냉장고 내부 압력이 0.91기압, 외부의 압력이 1기압이므로 냉장고 안의 압력이 최소 1기압 이상이 되어야 문이 열리게 되므로 드라이아이스가 기화되면서 0.09기압에 해당하는 이산화 탄소 기체가 발생하면 냉장고 문이 열린다.
기체의 몰수와 압력은 비례한다. 0 ℃ = 273 K 일 때 9.22몰의 공기가 0.91 기압을 나타내므로, 기체의 종류에 관계없이 0.09 기압이 나타나려면 약 0.91몰이 필요하며, 이산화 탄소 1몰은 44 g 이므로 0.91 몰은 약 40 g 이다. 따라서 드라이아이스가 약 40 g 이상 이산화 탄소로 승화해야 냉장고 문이 열리게 된다.

채점 기준

채점 기준	배점(점)
답이 맞고 풀이가 타당할 때	5
답이 맞으나 풀이가 정확하지 않을 때	3

11 답 6543.63 cal

해설 물분자 3.01×10^{23}개는 0.5몰이며, 물 1몰은 18g이므로 0.5몰의 질량은 9g 이다.
① 얼음 상태인 -5 ℃에서 0 ℃까지 가열할 때 필요한 열량 Q_1
$Q_1 = c \cdot m \cdot \Delta t$ = 0.492(얼음 비열)×9×5(온도 변화) = 22.14 cal
② 0 ℃ 일 때 융해열 Q_2 (얼음→물)
Q_2 = 79.8 cal/g × 9 g = 718.2 cal
③ 물 9g을 0 ℃ 에서 100 ℃ 까지 가열할 때 필요한 열량 Q_3
$Q_3 = c \cdot m \cdot \Delta t$ = 1 cal/g·℃ × 9 g × 100 ℃ = 900 cal
④ 100 ℃에서 기화열 (100 ℃ 물 → 100 ℃ 수증기)Q_4
Q_4 = 540 cal/g × 9 g = 4860 cal
⑤ 100 ℃ 수증기를 110 ℃ 로 가열할 때 필요한 열량 Q_5
$Q_5 = c \cdot m \cdot \Delta t$ = 0.481 cal/g·℃ × 9 g × 10 ℃ = 43.29 cal
따라서 필요한 최소의 에너지 $Q_1 + Q_2 + Q_3 + Q_4 + Q_5$
= 22.14 + 718.2 + 900 + 4860 + 43.29 = 6543.63 cal 이다.

채점 기준

채점 기준	배점(점)
답이 맞고 풀이가 타당할 때	5
답이 맞으나 풀이가 정확하지 않을 때	3

12 답 (1) 0.002 (M)   (2) 높아진다. 이유 : 해설

해설 (1) 삼투압은 올라간 설탕물 기둥에 의한 압력과 같다.
∴ 삼투압(π) = $\rho g h$
= 1050 (kg/m³) × 9.8 (m/s²) × 0.5 (m)
= 5145 (kg/m·s²) = 5145 (Pa) ≒ 0.05 (atm)
반트 호프식에서 삼투압(π) = CRT이므로,
∴ $C = \frac{\pi}{R \times T} = \frac{0.05}{0.082 \times 300}$ ≒ 0.002 (M)

(2) 설탕물의 삼투압 = CRT이므로, 온도(T)가 올라가면 설탕물의 삼투압도 커진다. 설탕물의 삼투압이 커지므로, 설탕물 기둥의 높이가 증가해 압력이 커져서 삼투압과 평형을 이룬다.

채점 기준

채점 기준	배점(점)
(1)의 답이 맞고 풀이가 타당할 때	3
(2)의 답이 맞고 이유 설명이 타당할 때	2
(1)의 답이 맞지만 풀이가 정확하지 않을 때	1점 감점
(2)의 이유 설명이 충분하지 않을 때	1점 감점
총 배점	5

13 답 (1) $AgNO_3$: 0 (M)   (2) NaCl : 0.5 (M)
(3) $NaNO_3$: 1.5 (M)

해설 3 (M) $AgNO_3$ 수용액 500 (mL) 의 몰수
= 몰 농도 × 용액의 부피 = 3 × 0.5 = 1.5 (mol)이다.
∴ $AgNO_3$ 수용액 속 Ag^+, NO_3^- 의 몰수 = 각각 1.5 (mol)
4 (M) NaCl 수용액 500 (mL) 의 몰수 = 4 × 0.5 = 2.0 (mol)이다.
∴ NaCl 수용액 속 Na^+, Cl^-의 몰수 = 각각 2.0 (mol)
앙금 생성 반응을 통해 AgCl 1.5 (mol)이 생성되므로, 혼합 용액 1L 속 남아 있는 이온의 몰수는
NO_3^- : 1.5 (mol), Na^+ : 2.0(mol), Cl^- : 0.5 (mol)이다.
$AgNO_3$의 몰수 = Ag^+의 몰수 = 0 (mol)이므로
혼합 용액 속 $AgNO_3$의 몰 농도 = $\frac{\text{용질의 몰수(mol)}}{\text{용액의 부피(L)}}$ = 0 (M),
NaCl의 몰수 = Cl^-의 몰수 = 0.5 (mol) 이므로
NaCl의 몰 농도 = $\frac{0.5}{1}$ = 0.5 (M),
$NaNO_3$의 몰수 = NO_3^-의 몰수 = 1.5 (mol) 이므로
$NaNO_3$의 몰 농도 = $\frac{1.5}{1}$ = 1.5 (M)이다.

채점 기준

채점 기준	배점(점)
(1),(2),(3)의 답이 맞고 풀이가 타당할 때	5
(1),(2),(3) 답이 정확하지 않을 때	각 1점씩 감점
(1),(2),(3) 풀이가 정확하지 않을 때	각 1점씩 감점
총 배점	5

14 **답** (1) 수소, 산소

(2) 반응 전 철의 질량 < 반응 후 철의 질량, 철이 연소하면서 산소와 결합하였기 때문이다.

(3) '퍽' 소리를 내며 탄다.   (4) 해설 참조

해설 (4) 아리스토텔레스는 '물'이 물질을 이루는 기본 성분 중 하나라고 주장하였지만 라부아지에의 실험을 통해 물이 수소와 산소로 나누어지면서 물이 물질을 이루는 기본 성분이 아님이 실험적으로 증명되었다.

· 뜨겁게 가열된 기다란 주철관에 물이 통과할 때 물은 수소와 산소로 나누어진다.→ 이때의 산소와 주철관의 철이 결합하여 산화철이 된다(주철관의 질량 증가) → 수소 기체는 냉각기를 통과하면서 얻어진다.

· 이 실험은 근본적으로 아리스토텔레스의 4원소설을 부정하는 결과를 낳았다. 라부아지에의 실험에 의해 물이 산소와 수소로 나누어진다는 것은 물이 원소가 아닌 두 가지 이상의 물질로 결합된 화합물이라는 것이 증명된 것이다.

또한 연소 실험을 통해 연소 시 철의 질량이 증가한다는 사실을 발견함으로써, 당시 과학계를 지배하였던 프로지스톤설을 폐기시키는 결과를 낳기도 했다.

15 **답** (1) 각 전자껍질이 가지는 에너지 준위 $E_n = \dfrac{-1312}{n^2}$ 의 값을 가지므로, 원자핵으로부터 멀어질수록(n이 증가) 궤도 간의 에너지 준위의 차가 점점 작아지기 때문이다.

(2) 1312 (kJ/mol)

해설 (1) 각 전자 껍질 사이의 에너지 준위 차(에너지 차가 크면 방출되는 빛의 파장의 차가 커진다.) : ΔE

$M \rightarrow L$: $\Delta E_1 = E_3 - E_2 = \dfrac{-1312}{3^2} - \dfrac{-1312}{2^2}$ = -146 - (-328) = 182 (kJ/mol) ⇨ a선

$N \rightarrow L$: $\Delta E_2 = E_4 - E_2 = \dfrac{-1312}{4^2} - \dfrac{-1312}{2^2}$ = -82 - (-328) = 246(kJ/mol) ⇨ b선

$O \rightarrow L$: $\Delta E_3 = E_5 - E_2 = \dfrac{-1312}{5^2} - \dfrac{-1312}{2^2}$ = -52.5 - (-328) = 275.5 (kJ/mol) ⇨ c선

이렇게 a선과 b선, b선과 c선 사이의 스펙트럼 간격이 다르다.

(2) 수소 원자의 이온화 에너지는 n = 1(K궤도)인 상태의 전자를 무한대로 떼어내는 데 필요한 에너지이므로

$\Delta E = E_\infty - E_1 = 0 - \dfrac{-1312}{1^2}$ = 1312 (kJ/mol)

16 **답** (1) 사과를 깎으면 사과 조직에 있는 산화 효소가 작용하여 페놀계 화합물이 산소와 반응하여 갈색으로 변한다.

(2) 삶으면 단백질이 주성분인 산화 효소가 변형되어 제 기능을 발휘하지 못하기 때문이다.

해설 (1) 갈변 현상 : 과일이나 채소류 등에 포함된 효소 성분이 공기 중의 산소와 만나 산화 작용으로 인해 색깔이 갈색으로 변하는 현상이다.

(2) 단백질은 일정 온도 이상 올라가면 단백질 구조가 바뀐다(단백질 변성) 효소도 단백질로 되어 있으므로 온도가 35 ℃ ~ 45 ℃ 정도에서 활성이 가장 크고 온도가 그 이상으로 올라가면 효소의 기능을 상실한다.

17 **답** (1) 대리석은 석회암이 높은 열과 압력을 받아 변성 작용을 받은 후, 내부의 일부 광물이 높은 열에 의해 약간 녹았다가 다시 굳어지는 작용으로 인해 광물 알갱이가 커지고 다시 광물끼리 모여서 얼룩무늬를 만드는 재결정 작용을 통해 아름다운 무늬를 가지게 된다.

(2) 대리석은 무른 암석이고 단단하지 않다. 또한 다음과 같이 산성비에 부식되어 이산화 탄소를 발생하며 훼손되기 때문이다.

$CaCO_3 + HCl \rightarrow CaCl_2 + CO_2 + H_2O$

18 **답** 5km

해설 진원 거리(AO)와 진앙 거리(AE), 진원의 깊이(EO)는 수직으로 보았을 때 직각 삼각형 모양이기 때문에, 피타고라스 정리를 이용하여 진원의 위치를 구할 수 있다. 직각 삼각형의 빗변이 진원 거리인 13km, 밑변인 진앙 거리가 12km이므로, $13^2 - 12^2 = 5^2$이다. 따라서 진원의 깊이(EO)는 5km임을 알 수 있다.

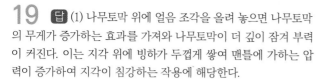

19 답 (1) 나무토막 위에 얼음 조각을 올려 놓으면 나무토막의 무게가 증가하는 효과를 가져와 나무토막이 더 깊이 잠겨 부력이 커진다. 이는 지각 위에 빙하가 두껍게 쌓여 맨틀에 가하는 압력이 증가하여 지각이 침강하는 작용에 해당한다.

(2) 나무토막 위에 올려놓은 얼음이 녹으면 나무토막의 무게가 감소하는 효과를 가져와 나무토막이 떠서 물속에 잠긴 깊이가 감소하여 부력이 작아진다. 이는 지각 위의 빙하가 녹으면서 맨틀에 가하는 압력이 감소하여 지각이 융기하는 작용에 해당한다.

채점 기준

채점 기준	배점(점)
(1)을 '지각' 침강'을 넣어 타당하게 서술했을 때	3
(2)를 '지각' 융기'를 넣어 타당하게 서술했을 때	2
총 배점	5

20 답 (1) 봄의 표층 수온이 가을보다 낮아서 부피가 줄어들고, 봄의 표층 염분이 커서 질량이 더 크다. 밀도 = 질량/부피이므로 봄의 해수의 밀도가 가을보다 크다.
(2) (가)에서 이 지역의 바다에는 깊이에 따라 온도가 일정한 혼합층이 거의 존재하지 않고, 온도가 하강하는 수온약층이 깊게 형성되어 있다. 이것은 표층 바닷물이 거의 섞이지 않는다는 것이므로 연중 바람이 적게 부는 지역이라고 추측할 수 있다.
(나)에서 봄과 가을의 평균 염분을 비교해보면 가을의 표층 염분이 봄에 비해 매우 낮으므로 봄보다 가을에 더 많은 비가 내리거나 강물의 유입이 많이 일어나 염분이 낮아졌다고 추측할 수 있다.

채점 기준

채점 기준	배점(점)
(1)의 서술이 타당할 때	2
(2)의 서술이 타당할 때	3
총 배점	5

21 답 500

해설 달이 복사평형 상태라는 것은 달이 흡수한 태양 복사에너지(A = 100)와 달이 우주 공간으로 내보내는 에너지(B = 100)가 같다는 것을 의미한다. 유리에 의해 달 표면으로부터 나오는 달의 복사에너지를 50%만 통과시키고 나머지를 돌려보낸다는 것은 B = C를 의미하므로 C = 100이 되고 D = 200이 된다. 따라서 A = 100, B = 100, C = 100, D = 200이므로 A + B + C + D = 500이 된다.

채점 기준

채점 기준	배점(점)
답이 맞을 때	5

22 답 (1) b, 금성이 태양의 앞쪽으로 지나가는 태양면 통과(일면통과)는 태양 - 금성 - 지구가 일직선 상에 위치할 때이므로 금성은 내합 부근에 위치한다. (가)와 (나)의 그래프를 보면 지구에서 금성까지 거리가 가장 가깝고, 각이 0°인 b의 위치가 내합 부근이다.

(2) c, 금성은 서방 이각의 위치에 있을 때 태양의 오른쪽에 위치하므로, 지구에서 볼 때, 새벽에 동쪽하늘에서 해뜨기 전에 관찰되고 해가 뜨면 사라진다. 따라서 서방 최대 이각(c)일 때 금성을 가장 오랫동안 관찰할 수 있다. 위상은 하현달 모양이다. ◗

채점 기준

채점 기준	배점(점)
(1)의 답과 서술이 타당할 때	2
(2)의 위치가 맞을 때	2
(2)의 위상 모양이 맞을 때	1
총 배점	5

23 답 (1) ④
(2) 최저 해수면이 나타나는 시각은 계속 늦어지고 있는데, 이는 지구가 자전하는 동안 달도 공전하기 때문으로 그 지역이 지구와 달 사이의 직선 위치에 다시 있기 위해서는 지구가 매일 13°씩을 더 자전해야 한다. 따라서 최저 해수면이 나타나는 시각이 50분씩 늦어진다.

해설 (1) 썰물이 가장 클 때 바다 갈라짐 현상이 일어나며, 이는 조차가 가장 큰 사리일 때를 뜻한다. 주어진 날짜 중에서 최저 해수면 높이가 가장 낮은 것은 -41인 3월 1일이므로, 이 지역은 이 날이 사리였고, 지구 - 이 지역 - 달이 일직선일 때이다.
(2) 지구가 13°씩 더 자전하는 데 걸리는 시간은 약 50분으로, 하루 2번의 만조와 간조가 규칙적으로 일어나는 반일주조를 기준으로 할 때 만조에서 만조, 간조에서 간조까지 걸리는 조석 주기는 약 12시간 25분이 된다.

채점 기준

채점 기준	배점(점)
(1)의 답이 맞을 때	2
(2)의 서술이 타당할 때	3
총 배점	5

24 답 1.6

해설 별 A, B의 표면 온도비 $\dfrac{T_B}{T_A} = \dfrac{3,000}{12,000} = \dfrac{1}{4}$ 이고,
절대 등급이 5등급 차이가 나므로 광도 $L_A = 100L_B$ 이다. 슈테판·볼츠만 법칙에 따라 별의 광도 $L = 4\pi R^2 \cdot \sigma T^4$ 이므로 다음 식을 만족한다.

$$\frac{L_B}{L_A} = \frac{1}{100} = \frac{R_B^2 \cdot T_B^4}{R_A^2 \cdot T_A^4} = \left(\frac{R_B}{R_A}\right)^2 \cdot \left(\frac{1}{4}\right)^4$$

$$\therefore \left(\frac{R_B}{R_A}\right)^2 = \frac{256}{100}, \quad \therefore \frac{R_B}{R_A} = 1.6$$

채점 기준

채점 기준	배점(점)
답이 맞을 때	5

25

답 (1) [실험1] : C 형 자루에 M 형 헛뿌리를 이식하면 M 형의 갓이 재생된다.

[실험2] : M 형 자루에 C 형 헛뿌리를 이식하면 C 형의 갓이 재생된다.

(2) 삿갓말의 모양을 결정하는 것은 헛뿌리에 있는 핵이다. 두 실험의 경우 자루의 종류에 상관없이 헛뿌리의 핵에 의해 종의 특징을 나타내는 것을 관찰할 수 있기 때문이다. 따라서 이 실험을 통해 핵이 세포의 생명 활동을 지배하는 중심기관이라는 사실을 알수 있다.

해설 헛뿌리의 핵에 의해 삿갓말의 삿갓 형태가 다르게 재생된다. 이는 헛뿌리의 핵이 유전 형질의 발현 등을 지배하는 생명 활동의 중심 기관이기 때문이다. 이 실험을 통해서 핵의 기능을 이해할 수 있다.

채점 기준

채점 기준	배점(점)
(1)의 예상이 모두 타당할 때	3
(2)의 답과 이유가 모두 타당할 때	2
총 배점	5

26

답 (1) 섭취한 고기 속의 유기물은 소화 기관을 거쳐 작은 입자로 분해되거나 효소에 의한 화학 반응으로 흡수될 수 있는 물질로 변하여 소장의 융털 돌기에서 흡수되어 혈액을 통해 심장으로 들어오고 심장 박동 시 좌심실에서 대동맥으로 나간 혈액 속의 영양소는 치타의 근육 세포에 도달하게 된다.

(2) 근육 세포의 미토콘드리아에서 포도당은 물과 이산화 탄소로 분해되며 포도당 속의 에너지는 ATP 형태의 에너지로 전환되어 근육의 운동에 쓰인다.

해설 (1) 치타가 사냥하여 섭취한 유기물(단백질이나 지방 등)은 소화 기관을 거치며, 세포 내로 흡수될 수 있는 작은 단위로 분해되어 소장을 거쳐 흡수되고 혈액 순환을 통해 필요한 세포로 전해진다.

(2) 세포의 미토콘드리아에서는 전달된 영양소를 산화시켜 분해하는 호흡 과정을 통해 에너지가 발생하여 생명활동에 필요한 여러 에너지로 전환된다.

채점 기준

채점 기준	배점(점)
(1)의 설명이 타당할 때	3
(2)의 설명이 타당할 때	2
총 배점 (1)+(2)	5

27

답 (1) 일산화 탄소, 이산화 탄소 같은 무기물을 이용하여 유기물을 합성하는 동화 작용(광합성)

(2) 토양 속의 유기물을 가열하여 분해되어 나오는 기체를 확인하기 위해서

해설 실험 장치는 동화 작용(광합성)을 통하여 생명체의 유무를 확인하기 위한 것이다. 따라서 토양에 생명체가 있다면 광합성에 의한 흡열 반응이 일어나며, 유기물이 합성될 것이다. 그리고 가열 장치는 합성된 유기물을 연소시키기 위한 것으로, 연소에 의해 발생된 $^{14}CO_2$에 의해 방사능이 검출될 것이다.

채점 기준

채점 기준	배점(점)
(1)의 서술이 타당할 때	3
(2)의 서술이 타당할 때	2
총 배점 (1)+(2)	5

28

답 어두울 때는 주로 간상 세포가 작용하는데, 이때 간상 세포가 가장 잘 흡수하는 빛의 파장이 녹색 계통이기 때문이다. 표에서 간상 세포와 녹원추 세포의 활성화 영역이 가장 많이 겹친다.

채점 기준

채점 기준	배점(점)
설명이 타당할 때	5

29

답 (1) 양초를 타게 만드는 물질이 모두 소모되었기 때문이다.

(2) (다)의 조건에서는 양초를 타게 만드는 물질이 만들어지지 않는다는 것을 알 수 있다. 식물이 촛불이 타도록 하는 물질을 다른 조건에서 만들어낼 수 있는지 확인하기 위해 햇빛 아래에 두거나 다양한 파장의 빛을 선별적으로 쬐어주거나 혹은 온도를 높여주는 등 다양한 조건에서 이틀간 물을 주며 기르는 실험을 실시한다.

해설 (1) (나)에서 먼저 양초에 불을 붙여 태운 이유는 유리종 내에 원래 들어있던 양초를 타게 만드는 물질을 모두 소비한 후 암실에 둔 이틀 사이에 식물이 그 물질을 만들어 내는지를 알아보기 위한 것이다. (2) 이 실험은 식물이 촛불을 타게 만드는 물질, 즉 O_2를 내놓는지를 알아보기 위한 실험이다.

채점 기준

채점 기준	배점(점)
(1)의 설명이 타당할 때	1
(2)의 실험 설계가 타당할 때	4
총 배점 (1)+(2)	5

30 답

구분	변화
혈액의 양	감소
체액의 농도	증가
여과량(A → B)	감소
재흡수량(C)	증가
오줌의 양	감소

해설 사막에서 물을 오랫동안 마시지 못하여서 수분을 제대로 공급받지 못하였기 때문에 주성분이 물인 혈액의 양도 줄어 들게 된다. 또한 체내 수분량의 감소로 체액의 농도는 증가하게 된다. 사구체(A)에서 보먼주머니(B)로 체액이 이동이 일어나는 여과 작용에서는 체내 수분량 감소로 체액이 감소하기 때문에 여과량이 감소하게 된다. 체내 수분이 부족한 상태이므로 체내 수분량을 증가시키기 위해 세뇨관(C)에서 모세혈관으로 재흡수되는 수분량은 증가하게 되고 결국 오줌의 양은 감소하게 된다.

채점 기준

채점 기준	배점(점)
모두 맞게 표시했을 때(부분 점수 없음)	5

31 답 (1) (라), (가)와 염색체의 핵형이 같기 때문에
(2) (다) : B, (라) : C, (마) : B
(3) 암컷 : (가), (나) 수컷 : (다), (라), (마)

해설

(가)

(가)는 A의 세포이며, 상동 염색체가 존재하므로 2n으로 표시된다. 또한 모든 염색체가 모양과 크기가 같은 염색체이므로 XX 염색체를 가지고 있는 암컷이라는 것을 알 수 있다.

(나)

(나)는 B의 세포이며, DNA 복제가 일어난 상태에서 감수 1분열이 끝나 상동 염색체가 분리된 상태이다. 상동 염색체가 없으므로 핵상은 n으로 표시된다. (가)와 염색체의 모양과 크기, 색상 등이 다르므로 A와 B는 서로 다른 종이며, 보라색 염색체 크기가 작은 (다)가 수컷임에 비해 (나)는 암컷의 생식 세포이다.

(다)

(다)는 상동 염색체가 없으므로 핵상은 n으로 표시된다. (가)와는 염색체의 모양과 크기가 다르므로 A와 다른 종이다. (다)~(마)는 B와 C의 세포 중 하나이다. (다)는 (마)와 같은 종으로 (나)와 같은 종인 B인 것을 알 수 있는데, 보라색 염색체의 크기가 작으므로 보라색 염색체가 성염색체이며 Y 염색체인 것을 알 수 있다. 따라서 (다)는 B이며 수컷이다.

(라)

(라)는 상동 염색체가 없는 생식 세포로 n으로 표시된다. (나)와는 염색체의 모양과 크기가 모두 다르고, (가)와 노란색, 빨간색 염색체의 모양과 크기(핵형)가 같지만 보라색 염색체의 크기가 작으므로 (가)와 같은 종이고 보라색이 성염색체이라는 것을 알 수 있다. 따라서 (라)는 (가)와 같은 종이지만 성별이 다른 개체 C이며 수컷이다.

(마)

(마)는 상동 염색체가 존재하므로 2n으로 표시되며 XY 염색체(보라색 염색체)를 가지고 있으므로 수컷이다. (나)와 (다) 모양의 생식 세포는 수정 후 (마) 모양의 수정란이 만들어지며 이는 개체 B이다.

위의 자료를 바탕으로 정리를 하면 다음과 같다.

	(가)	(나)	(다)	(라)	(마)
핵상	2n	n	n	n	2n
개체	A	B	B	C	B
성별	암컷	암컷	수컷	수컷	수컷
종	A와 C는 같은 종이며, B는 다른 종이다.				

채점 기준

채점 기준	배점(점)
(1)의 답이 맞을 때	1
(2)의 답이 맞을 때	2
(3)의 답이 맞을 때	2
총 배점 (1)+(2)+(3)	5

32 답 ①, ②

해설

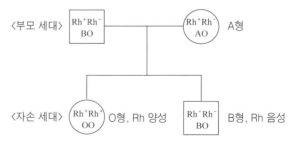

①, ② 딸과 아들의 혈액형이 각각 O형과 B형이고, 엄마가 A형이므로 아빠는 B형(BO)이다. A형 엄마와 B형 아빠 사이에서 태어날 수 있는 자손의 유전자형은 다음 표와 같다.

엄마 아빠	A	O
B	AB (AB형)	BO (B형)
O	AO (A형)	OO (O형)

Rh의 경우 + 가 - 에 대해 우성이며, 아빠가 Rh 양성일 때 Rh 양성, Rh 음성 자손이 모두 나왔으므로 엄마와 아빠는 모두 Rh 이성 동형 접합(Rh$^+$Rh$^-$)이다. 따라서 유전자형이 각각 Rh$^+$Rh$^-$ 인 엄마, 아빠 사이에서 태어날 수 있는 자손의 유전자형은 다음 표와 같다.

엄마 아빠	Rh$^+$	Rh$^-$
Rh$^+$	Rh$^+$Rh$^+$	Rh$^+$Rh$^-$
Rh$^-$	Rh$^+$Rh$^-$	Rh$^-$Rh$^-$

③ 아들이 Rh$^-$Rh$^-$로 Rh 음성을 나타내기 때문에 아빠와 엄마는 Rh 양성 이형 접합(헤테로) 유전형 즉, Rh$^+$Rh$^-$ 을 가진다.

④ 딸의 Rh 양성의 유전자형은 Rh$^+$Rh$^+$(동형 접합)이거나 Rh$^+$Rh$^-$ (이형접합 ; 헤테로) 유전형을 나타낼 수 있다.

⑤ 자녀를 한명 더 낳을 경우 O 형일 확률은 $\frac{1}{4}$, Rh 음성일 확률은 $\frac{1}{4}$, 아들을 얻을 확률은 $\frac{1}{2}$ 이므로 모든 조건이 충족될 확률은 $\frac{1}{4} \times \frac{1}{4} \times \frac{1}{2} = \frac{1}{32}$ 이다.

모의고사 3 회 (p42~59)

01 **답** 400 m, 550 + 50$\sqrt{73}$ m

해설 P점을 O점(원점)으로 하고 자동차 A와 B의 속력을 각각 v_A, v_B 라고 할 때, (가) $v_A > v_B$ 일 경우, (나) $v_B > v_A$ 일 경우 시간에 따른 위치를 나타내면 다음과 같다.

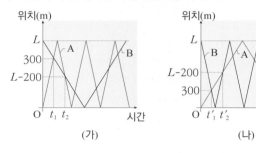

(가) 처음 만나는 지점까지 걸린 시간을 t_1 라고 할 때, 각 자동차의 이동 거리는 다음과 같다.

자동차 A : $300 = v_A t_1$
자동차 B : $L - 300 = v_B t_1$

$v_A > v_B$ 일 경우, 자동차 A는 Q점에서 다시 P점을 향할 때, 자동차 B는 P점에 도달하기 전에 두번째 만나는 지점에 도달하게 된다.

두번째 만나는 지점까지 걸린 시간을 t_2 라고 하면,

자동차 A : $L + 200 = v_A t_2$
자동차 B : $200 = v_B t_2$

$$\rightarrow \frac{L + 200}{300} = \frac{200}{L - 300}$$

$$L^2 - 100L - 120{,}000 = 0, \therefore L = 400(\text{m})$$

(나) 처음 만나는 지점까지 걸린 시간을 t'_1 라고 할 때, 각 자동차의 이동 거리는 다음과 같다.

자동차 A : $300 = v_A t'_1$
자동차 B : $L - 300 = v_B t'_1$

두번째 만나는 지점까지 걸린 시간을 t'_2 라고 하면,

자동차 A : $L - 200 = v_A t'_2$
자동차 B : $L + (L - 200) = v_B t'_2$

$$\rightarrow \frac{L - 200}{300} = \frac{2L - 200}{L - 300}$$

$$L^2 - 1{,}100L + 120{,}000 = 0, \therefore L = 550 + 50\sqrt{73}(\text{m})$$

02 답 $2\pi\sqrt{\dfrac{l}{g\sin\theta}}$

해설

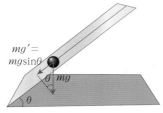

각 θ 만큼 기울어진 마찰이 없는 경사면에서 단진동할 때, 추의 운동 방향과 수직 방향(빗면에 나란한 방향)으로 작용하는 중력 성분 $mg' = mg\sin\theta \rightarrow g' = g\sin\theta$ 가 된다. 추는 중력 성분 mg'에 의해 단진동하게 되므로 물체의 주기는 다음과 같다.

$$T = 2\pi\sqrt{\frac{l}{g'}} = 2\pi\sqrt{\frac{l}{g\sin\theta}}$$

채점 기준

채점 기준	배점(점)
답이 맞을 때(부분 점수 없음)	5

03 답 (1) 1.7×10^3 m (2) 6×10^2 m/s

해설 (1) 우주선의 질량을 m, 출발 속도를 v, 우주선의 최고 높이를 h, 소행성의 질량과 반지름을 각각 M, R이라고 하면, 최고점에서 우주선의 순간 속도는 0이다. 표면의 중력 가속도는 g이고 역학적 에너지는 보존된다.

$$E = \frac{1}{2}mv^2 - G\frac{Mm}{R} = 0 - G\frac{Mm}{R+h} \cdots \text{㉠}$$

$GM = gR^2$ 이므로,

$$\frac{1}{2}v^2 - gR = -\frac{gR^2}{R+h} \rightarrow h = \frac{2gR^2}{2gR - v^2} - R$$

$$\therefore h = \frac{2 \times 3 \times (60 \times 10^3)^2}{2 \times 3 \times (60 \times 10^3) - 100^2} - (60 \times 10^3)$$

$$\fallingdotseq 1.7 \times 10^3 (\text{m})$$

(2) 지표면에서 중력 가속도가 g 일 때, 탈출 속도 v_e 는 우주선이 출발하여 무한히 멀리 떨어져 나갈 수 있는 지표면에서의 속도이다. 소행성에서 무한히 먼 곳의 역학적 에너지를 0으로 한다.

$$\frac{1}{2}mv_e^2 - G\frac{Mm}{R} = 0 \rightarrow v_e = \sqrt{\frac{2GM}{R}} = \sqrt{2gR}$$

$$v_e = \sqrt{2gR} = \sqrt{2 \times 3 \times 60 \times 10^3} = 6 \times 10^2 (\text{m/s})$$

채점 기준

채점 기준	배점(점)
(1) 답이 맞을 때	3
(2) 답이 맞을 때	2
총 배점 (1)+(2)	5

04 답 $3cM$

해설 외부와의 열의 출입이 없으므로 처음 온도가 가장 높았던 물체 B가 잃은 열량 Q_B 와 물체 A와 열량계 속 물이 얻은 열량($Q_A + Q_{물}$)은 같다. 열량계 속 물의 열용량을 C라고 하면,

$$Q_A = 3c \times M \times (50 - 5), \quad Q_B = 2c \times 3M \times (90 - 50)$$
$$Q_물 = C \times (50 - 15)$$
$$2c \times 3M \times (90 - 50) = 3c \times M \times (50 - 5) + C \times (50 - 15)$$
$$105cM = 35C \rightarrow C = 3cM$$

채점 기준

채점 기준	배점(점)
답이 맞을 때(부분 점수 없음)	5

05 답 · 물체 A 의 질량 : $3\rho V$

· 물체 B 의 밀도 : 0.4ρ

해설 물체 A, B의 질량을 각각 m_A, m_B라고 하면, 그림 (가)에서 물체 A의 무게와 부력이 같다. 이때 부력의 크기는 물체가 밀어낸 액체의 무게이다.

$$\therefore m_A g = \rho(3V)g \rightarrow m_A = 3\rho V$$

그림 (나)는 물체에 무게에 의해 (가)에 비해 부력이 ρVg만큼 증가하였다.

$$m_B g = \rho Vg \rightarrow m_B = \rho V$$

그림 (다)에서 B는 전부 잠겨 있고, A 가 $1.5V$ 만큼 잠겨 정지해 있으므로 A와 B의 무게의 합 $(m_A + m_B)g$는 B의 전체 부피에 의한 부력과 A의 부력 $1.5\rho Vg$ 을 합한 것과 같다.

$$(m_A + m_B)g = \rho V_B g + 1.5\,\rho Vg$$
$$4\rho Vg = \rho V_B g + 1.5\,\rho Vg \rightarrow V_B = 2.5V$$
$$m_B = \rho_B V_B \text{이므로}$$
$$\rho V = \rho_B \times 2.5V \rightarrow \rho_B = 0.4\rho \text{이다.}$$

채점 기준

채점 기준	배점(점)
물체 A의 질량을 구했을 때	2
물체 B의 질량을 구했을 때	3
전체 배점	5

06 답 (1) 9 개 (2) 4W

해설 (1) 전지의 (−)극에서 (+)극으로 직접 통과하는전류는 1V
의 전압 상승이 일어나고, (+)극에서 (−)극으로는 1V의 전압 강하
가 일어난다.
P점의 전위를 0V로 정하면, 각 지점의 전위는 다음과 같다.

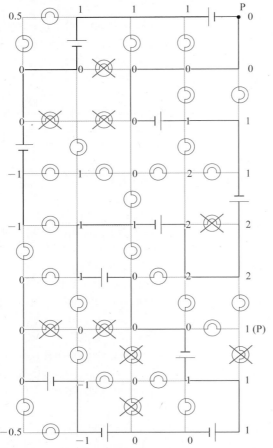

이때 각 지점 사이의 전위차가 없는 9개의 전구에는 불이 들어오지
않는다. 특히 P 점의 전위가 1 V인 것에 주의한다.
(2) 전위차가 가장 큰 지점에 있는 전구가 가장 밝게 빛난다. 전구
의 저항값(R)이 1 Ω이고, 회로 상에서 전구 양단의 가장 큰 전위차
(V)는 2V 이므로, 가장 밝은 전구의 소비 전력(P)은
$$P = \frac{V^2}{R} = \frac{2^2}{1} = 4\text{W 이다.}$$

채점 기준

채점 기준	배점(점)
(1)의 답이 맞을 때	3
(2)의 답이 맞을 때	2
전체 배점 (1) +(2)	5

07 답 (1) $E_x = 0$, $E_y = \frac{mg}{2q}$ (2) $\frac{\sqrt{2}\,mg}{qv}$

해설 (1) 중력 가속도 g 가 작용하는 공간에서 45° 각도로 속력 v
로 물체를 던졌을 때 수평 도달 거리 $R = \frac{v^2}{g}$ (올라갔다 내려오는

시간 $t = \frac{\sqrt{2}v}{g}$, $R = v_x t = \frac{v}{\sqrt{2}} \times \frac{\sqrt{2}v}{g}$)이다. 수평 도달 거리가 2배

가 되었다는 것은 물체가 중력 가속도 $g' = \frac{g}{2}$ 인 공간에서 운동

한 것과 같다. 따라서 중력 외에 연직 위 방향으로 물체에 작용한
전기력의 크기로부터 E_y를 구할 수 있다.
$$qE_y = \frac{mg}{2} \;\;\rightarrow\;\; E_y = \frac{mg}{2q}$$
이때, 지면 재도달 시간이 2배가 되면, 자연스레 수평 도달 거리
가 2배가 되므로 전기력의 수평 방향 성분은 0이다.

따라서 $E_x = 0$, $E_y = \frac{mg}{2q}$ 이다.

(2)

(그림: 45°, R, $\frac{R}{\sqrt{2}}$, $r = \frac{R}{\sqrt{2}}$, B)

대전된 물체는 자기장 B만 있는 공간을 자기력선에 수직인
방향으로 운동하므로 원운동을 한다. B가 지면에서 나오는
방향일 때, 속력 v 로 원운동하는 전하 q 로 대전된 질량 m
인 물체의 구심력은 자기력 $F = qvB$ 이다.
$$qvB = \frac{mv^2}{r}, \; r = \frac{R}{\sqrt{2}} = \frac{1}{\sqrt{2}}\frac{v^2}{g} \quad \therefore B = \frac{\sqrt{2}\,mg}{qv} \text{ 이다.}$$

채점 기준

채점 기준	배점(점)
(1)의 답이 맞고 해설이 타당할 때	2
(2)의 답이 맞고 해설이 타당할 때	3
(1), (2)의 풀이가 충분하지 않을 때	각 1점씩 감점
총 배점 (1)+(2)	5

08 답 (1) A 로부터 2 m 떨어진 곳
(2) 2 m, $\frac{2}{3}$ m, $\frac{2}{5}$ m,

해설 (1) 파동이 상쇄 간섭하여 진폭이 0 이 되는 곳이 소리가 들
리지 않는 지점이다. 그 지점이 두 스피커 사이의 A에서 R만큼 떨어
진 지점 P라고 하고, B 스피커에서의 발생하는 소리의 세기를 E라고
할 때

스피커 A에 의한 P 지점의 소리의 세기(진폭) : $E_A = \frac{4E}{R^2}$

스피커 B에 의한 P 지점의 소리의 세기(진폭) : $E_B = \frac{E}{(3-R)^2}$

$E_A = E_B$, $\dfrac{4E}{R^2} = \dfrac{E}{(3-R)^2} \rightarrow R = 2$ (m)

A로부터 2 m 떨어진 곳이다.

(2) 두 파원에서의 경로차가 반파장의 짝수배인 경우엔 보강 간섭, 홀수배인 경우는 상쇄 간섭을 한다. 소리가 들리지 않기 위해서는 상쇄 간섭을 해야 한다.

$$AR \sim BR = 2-1 = \frac{\lambda}{2}(2m+1) \ (m = 0, 1, 2, 3 \cdots)$$

$$\therefore \lambda = \frac{2}{2m+1} \ (m = 0, 1, 2, 3\cdots)$$

따라서 이 조건을 만족하는 소리의 파장 $\lambda = 2, \frac{2}{3}, \frac{2}{5}, \frac{2}{7}\cdots$(m)

채점 기준

채점 기준	배점(점)
(1)의 답이 맞을 때	2
(2)의 답이 모두 맞을 때	3
총 배점 (1)+(2)	5

09 답 4 : 3 : 2

해설 각 실린더 안 기체의 부피는 반응 후 남아있는 각 실린더 안 기체의 몰 수에 비례한다.

(가) 탄소(C) 1몰, 산소(O_2) 1몰 반응 : 탄소(C) 1몰과 산소(O_2) 1몰이 모두 반응하여 이산화 탄소(CO_2) 1몰이 생성된다. 따라서 반응 후 실린더 안에 들어 있는 기체는 이산화 탄소(CO_2) 1몰이다.

(나) 메테인(CH_4) 0.75몰, 산소(O_2) 1몰 반응 : 메테인(CH_4) 0.5몰과 산소(O_2) 1몰이 반응하여 이산화 탄소(CO_2) 0.5몰과 물(H_2O) 1몰이 생성된다. 따라서 메테인(CH_4) 0.25몰은 반응하지 않고 남아있게 된다. 결국 반응 후 실린더 안에 있는 기체는 메테인(CH_4) 0.25몰과 이산화 탄소(CO_2) 0.5몰이므로 총 0.75몰이다.

(다) 철(Fe) 1.5몰, 산소(O_2) 1.5몰 반응 : 철(Fe) 1.5몰(84g)과 산소(O_2) 1몰(32g)이 반응하여 사산화삼철(Fe_3O_4) 0.5몰을 생성된다. 따라서 산소(O_2) 0.5몰(16g)은 반응하지 않고 남아있게 된다. 결국 반응 후 실린더 안에 있는 기체는 산소(O_2) 0.5몰이다.

각 실린더 안 기체의 부피비 = 몰수비 = (가) : (나) : (다) = 1 : 0.75 : 0.5 = 4 : 3 : 2이다.

채점 기준

채점 기준	배점(점)
답이 맞을 때(부분 점수 없음)	5

10 답 (1) A : CH_3X, B : CH_2X_2, C : CHX_3, D : CX_4
(2) 80.3

해설 기체의 밀도에 기체의 몰부피(22.4L/mol)를 곱하면 분자량이 구해진다.

화합물	기체밀도 (g/L)	질량 백분율 조성 탄소 (C)	수소 (H)	원소 X	분자량	화합물 1mol에 들어 있는 원소의 질량 탄소 (C)	수소 (H)	원소 X
A	4.30	12.7	3.20	84.1	96.3	12.2	3.08	81.0
B	7.80	6.90	1.20	91.1	174.7	12.1	2.10	159
C	11.3	4.80	0.40	95.8	253.1	12.1	1.01	242
D	14.8	3.60	-	96.4	331.5	11.9	-	319

탄소의 원자량은 12, 수소의 원자량은 1 이고 탄소의 원자가는 4, 수소의 원자가는 1 이므로 화합물 A 의 분자식은 CH_3X 가 된다.(탄소 원자 1 개와 수소 원자 3 개가 결합하면 결합선은 1 개만 남으므로 원소 X는 1 개만 결합할 수 있다.) 따라서 원소 X 의 원자량은 약 81 이고, 이를 이용하여 다른 화합물의 분자식을 결정할 수 있다. 화합물 B 의 분자식은 CH_2X_2, 화합물 C 의 분자식은 CHX_3, 화합물 D 의 분자식은 CX_4 가 된다. 원소 X 의 평균 원자량은 다음과 같이 구할 수 있다.

$$\left(\frac{81.0}{1} + \frac{159}{2} + \frac{242}{3} + \frac{319}{4}\right) \div 4 = 80.3$$

채점 기준

채점 기준	배점(점)
(1)의 답이 모두 맞을 때	3
(2)의 답이 맞을 때	2
총 배점 (1)+(2)	5

11 답 뜨거운 물의 분자가 증발이 활발하게 일어나서 온도가 더 빨리 내려가고 찬물과 온도가 같아져도 물분자의 증발이 당분간 계속되므로 뜨거운 물이 더 빨리 언다.

해설 뜨거운 물 보다 찬물이 더 빨리 어는 이유는 뜨거운 물의 분자가 열에너지가 더 많아 더 활발하게 운동하므로 증발이 많이 일어나기 때문이다. 증발이 많이 일어나면 증발되는 물 분자가 많은 열을 흡수하므로 남아 있는 물 분자는 많은 열에너지를 잃게 된다. 따라서 뜨거운 물의 온도가 급격히 떨어지면서 찬물보다 빨리 식게 되고 찬물과 온도가 같아져도 뜨거운 물의 물분자의 분자 운동이 당분간 활발하게 유지되므로 결과적으로 뜨거운 물이 더 빨리 언다.

채점 기준

채점 기준	배점(점)
서술이 타당할 때	5

12 답 (1) a : 2, b : 1, c : 4 (2) 정반응이 진행된다.

해설 (1)

반응식	aA	+ bB	$\rightleftharpoons$	cC
처음 농도	0.4	0.2		0
반응 농도	-0.2	-0.1		+0.4
평형 농도	0.2	0.1		0.4

반응 농도를 볼 때 $a : b : c = 2 : 1 : 4$ 이고, A : B는 몰수비 2 : 1로 반응하여 4만큼의 C가 얻어진다. 따라서 반응식은 $2A + B \rightleftharpoons 4C$이다. 따라서 a 는 2, b 는 1, c 는 4이다.

(2) 반응의 K (평형상수) = $\frac{[C]^4}{[A]^2[B]} = \frac{(0.4)^4}{(0.2)^2(0.1)} = 6.4$이고,

현재 [A] = [B] = [C] = 1 M 이라고 할 때 현재 상태의 평형상수 =

반응지수는 다음과 같고, 이것은 현재 각 1몰인 상태라면 C가 생성되는 쪽(정반응)으로 반응이 진행됨을 의미한다.

$$Q(\text{반응지수}) = \frac{[C]^4}{[A]^2[B]} = \frac{(1.0)^4}{(1.0)^2(1.0)} = 1.0$$

$Q < K$ 이므로 정반응(오른쪽)이 진행된다.

채점 기준	배점(점)
(1)의 답이 모두 맞을 때	2
(2)의 설명이 타당할 때	3
총 배점 (1)+(2)	5

13 답 (1) A : 18 B : 18 C : 20
(2) A 와 B는 끓는점이 동일한 물질이다.

해설 (1) A, B, C 는 모두 분자식이 H_2O 이지만, ^1_1H와 $^{16}_8O$ 로 이루어진 분자량이 18인 얼음은 ^1_1H 와 $^{16}_8O$ 로 이루어진 분자량이 18 인 물에 비해 밀도가 작아 물 위에 뜨는 반면, ^2_1H 와 $^{16}_8O$ 로 이루어진 분자량이 20 인 얼음은 물보다 밀도가 크기 때문에 물 위에 뜨지 못한다. 따라서 A 는 ^1_1H 와 $^{16}_8O$ 로 이루어진 분자량이 18 인 얼음이고, B 는 ^1_1H 와 $^{16}_8O$ 로 이루어진 분자량이 18 인 물이며, C는 ^2_1H 와 $^{16}_8O$ 로 이루어진 분자량이 20 인 얼음이라고 볼 수 있다.
(2) A와 B는 상태만 다를뿐 동일한 물질이므로 끓는점이 같다.

채점 기준	배점(점)
(1)의 답이 모두 맞을 때	3
(2)의 설명이 타당할 때	2
총 배점 (1)+(2)	5

14 답 (1) B < C < A, 이유 : 해설 참조
(2) (가) 흑연, 물질 내부를 자유롭게 이동할 수 있는 전자가 존재하지 않아 전기가 통하지 않는다.

해설 (1) A는 탄소 판 사이의 약한 인력이고, B와 C는 탄소(C)-탄소(C) 결합이다. B는 탄소-탄소 단일 결합과 이중 결합의 중간 형태의 결합이고, C는 탄소-탄소 단일 결합이다. 따라서 B의 결합이 제일 강하기 때문에 결합 길이가 가장 짧고 A의 결합은 약하기 때문에 결합 길이가 길다.
(2) 그림 (가)의 흑연의 구조를 보면, 탄소 원자의 가장 바깥 껍질에 있는 4개의 전자가 다른 탄소 원자 3개와 결합을 이루고 있다. 따라서 결합에 관여하지 않은 1개의 전자가 자유롭게 물질 내부를 이동할 수 있어 전기가 잘 통한다. 그림 (나)의 다이아몬드는 가장 바깥 전자 껍질에 있는 4개의 전자가 모두 다른 탄소 원자 4개와 결합을 하고 있어 전기가 통하지 않는다.

채점 기준	배점(점)
(1)의 답이 맞고 이유가 타당할 때	3
(2)의 설명이 타당할 때	2
총 배점 (1)+(2)	5

15 답 (1) 시험관 F 의 쇠못이 가장 많이 부식(산화)되었다.
(2) 염화 칼슘은 물(H_2O)를 흡수하는 물질로, 쇠못에 수분이 작용하지 못하도록 하는 역할를 한다.
(3) 기체의 용해도는 온도가 높아지면 감소하므로 물을 끓이면 물에 녹아 있던 산소 기체가 제거된다. 산소가 있거나 없는 물에서의 부식 정도를 비교하기 위해 끓여 식힌 물을 사용했다.
(4) 물과 산소를 모두 차단하기 위해서 쇠못에 바셀린을 칠한 것이다. 물과 산소를 차단했을 때의 부식 정도를 비교하기 위해서이다.
(5) 시험관 F 의 쇠못이 더 많이 부식되었다. 시험관 E 에서 쇠못을 마그네슘 선으로 감아 놓았으므로 반응성이 큰 마그네슘이 철보다 먼저 부식되어 철의 부식이 방지된다. 그러나 시험관 F 에서 쇠못을 철보다 반응성이 작은 구리로 감아 놓았으므로 전자가 철로부터 구리로 이동하여 철의 부식(산화)이 촉진된다.

채점 기준	배점(점)
답이나 설명이 타당할 때	각 문항당 1점
총 배점 (1)+(2)+(3)+(4)+(5)	5

16 답 우리 몸에 미치는 영향 :
① 탄산 음료를 지속적으로 많이 마시면 뼈가 약해질 수 있다.
② 탄산이 치아에 닿으면 치아의 맨 바깥층인 법랑질이 부식되어 치아가 상하게 된다.
이유 : 해설 참조

해설 탄산 음료를 지속적으로 많이 마셨을 경우 아래와 같이 이온화를 통해 혈액 안에 산(H^+)의 함량이 많아지면서 산 과다증이 나타나게 된다.

$$H_2CO_3 \longrightarrow HCO_3^- + H^+$$
$$HCO_3^- \longrightarrow CO_3^{2-} + H^+$$

그렇게 되면 체내에서는 르샤틀리에의 원리에 의해 H^+ 을 줄이는 역반응이 진행된다. 그러면, 탄산 이온과 탄산 수소 이온 모두 역반응으로 되돌아가서 없어지게 되므로 뼈를 구성할 때 꼭 필요한 탄산 이온(칼슘 공급)이 혈액 내에서 줄어 들게 된다. 따라서 탄산 음료를 많이 마시면 뼈가 약해질 수 있다. 또한 탄산이 치아에 닿으면 치아의 맨 바깥층인 법랑질이 부식되어 치아가 상하게 된다.

채점 기준	배점(점)
미치는 영향을 1개 이상 적었을 때	3
이유를 타당하게 서술했을 때	2
총 배점 (1)+(2)	5

17 답 (1) (가) 색 (나) 조흔색 (다) 깨짐과 쪼개짐
(2) 석영 : C, 흑운모 : D, 황철석 : A

이유 : 석영은 투명한 색을 가졌고 조흔색이 흰색이며 깨짐이 나타난다. 따라서 광물 C 이다. 흑운모는 흑색에 조흔색이 흰색이며 1 방향의 쪼개짐이 나타난다. 따라서 광물 D 이다. 황철석은 황색에 조흔색이 흑색이며 깨짐이 나타난다. 따라서 광물 A이다.

해설 처음 A, B, C, D 를 A, B 와 C, D 의 두 종류로 분류하는 조건 (가)는 '예'로 분류된 A 와 B 의 광물색이 같은 황색이므로 '광물색이 황색인가?'로 분류한 것임을 알 수 있다. 또한 '예'로 분류된 A의 조흔색이 흑색으로 광물색과 다르고, '아니오'로 분류된 B 의 조흔색이 황색으로 광물색과 같으므로 조건 (나) 는 '조흔색이 겉보기색과 다른가?"이다. 다음으로 '예'로 분류된 C는 깨지고 '아니오'로 분류된 D 는 쪼개지므로 C 와 D 를 분류하는 조건 (다) 는 '깨짐이 나타나는가?'인 것을 알 수 있다.

채점 기준

채점 기준	배점(점)
(1)의 답이 모두 맞았을 때(부분점수 없음)	2
(2)의 답이 맞고 이유를 타당하게 서술했을 때	3
총 배점 (1)+(2)	5

18 답 ㄷ, ㅁ

해설 B 지역(호상 열도 화산)은 해양판이 섭입되면서 안산암질 마그마가 생성되기 때문에 화산 분출이 격렬하여 겹겹이 쌓이는 성층화산이 형성된다. 이에 반해 A 지역(해령)은 점성이 낮은 현무암질 마그마가 생성되면서 순상 화산이 우세하게 형성된다.
ㄹ. 제주도 한라산은 주로 현무암으로 이루어져 있으며 경사가 완만한 순상 화산으로 A 와 유사하다.
ㅁ. 해령에서 새로 생성된 화산 등의 해양 지각은 판의 이동에 따라 대륙과 충돌하여 대륙쪽에 달라붙고 대륙판 밑으로 섭입하게 된다.

채점 기준

채점 기준	배점(점)
답이 맞았을 때	5

19 답 (1) 열점은 하와이 섬 부근(남동쪽)에 위치한다.
(2) ㄱ, ㄴ, ㄷ, ㅂ

해설 (1) 하와이 섬은 열점 가까이(남동쪽)에 위치하는 화산섬으로서 판의 경계부가 아닌 태평양 판의 내부에 위치한다. 열점은 맨틀 깊은 곳에 위치하며 마그마가 계속 생성되므로 화산 활동을 일으킨다. 이와 같이 열점의 위치는 변하지 않고 맨틀의 깊은 곳에 고정되어 있다.
(2) ㄱ. 현재 화산 활동은 주로 하와이 섬에서 일어난다. ㄴ, ㄷ, ㅁ. 하와이 열도의 섬들은 열점에서 마그마가 분출하여 형성된 화산섬이다. 해양판은 해령에서 형성되어 해구 쪽으로 이동한다. 화산섬과 해산들의 배열과 생성 연령을 볼 때, 현재 태평양 판의 이동 방향은 서북서 방향이며, 4,300만년 이전에는 북북서 방향이었다. ㄹ, ㅁ. 열점은 판 아래의 맨틀 심부에 고정되어 있으며, 마그마가 모여 있는 곳이다. 그러므로 열점에서의 화산 활동으로 생성된 하와이 열도는 판의 경계부에서 생성된 지형이 아니다. ㅂ. 미드웨이 섬은 열점 위에 위치한 하와이 섬의 위치에서 생성되어 태평양 판의 이동을 따라 약 2,700만 년 동안 이동하여 하와이 섬으로부터 약 2,700 km 떨어진 현재의 위치에 있는 것이므로 미드웨이 섬이 형성된 이후 태평양 판의 평균 이동

속도는 $\dfrac{270,000,000 \text{ cm}}{27,000,000 \text{ 년}}$ = 10 cm/년이다.

채점 기준

채점 기준	배점(점)
(1)의 답이 맞았을 때	2
(2)의 답이 맞고 이유를 타당하게 서술했을 때	3
총 배점 (1)+(2)	5

20 답 (1) 자동차의 밀집도가 높은 서울에서는 자동차의 배기 가스에 의해 발생하는 스모그가 나타나므로 로스앤젤레스형 스모그에 가깝다.
(2) O_2, NO_2, O_2

해설 〈광화학 스모그 형성 과정 화학식〉

$$NO + (O_2) \rightarrow (NO_2) + O$$

$$NO_2 \xrightarrow{\text{자외선}} NO + O$$

$$O + (O_2) \rightarrow O_3$$

$$O_3 + C_xH_y \rightarrow \text{스모그(응결핵)}$$

채점 기준

채점 기준	배점(점)
(1)의 답이 맞고 이유를 타당하게 서술했을 때	3
(2)의 답이 모두 맞았을 때	2
총 배점 (1)+(2)	5

21 답 (1) 변화의 원인 : 세계 해수면의 수위가 높아지는 것은 지구 온난화에 의해 극지방의 빙하가 녹아 담수가 유입되기 때문이다.
(2) 일어날 수 있는 재앙 : ① 어떤 지역에서는 홍수가, 어떤 지역에서는 가뭄이 나타난다.
② 수위가 높아지면 물에 잠기는 땅이 많아지기 때문에 농사를 지을 경작지의 면적이 줄어든다.
③ 고위도 지방의 날씨가 더욱 추워져 빙하기가 발생할 수 있다.

해설 세계해수면의 수위가 높은 상태로 지속될 경우 극지방의 다량의 담수가 유입되어 고위도의 해수 염분과 밀도가 낮아지고, 이로 인해 침강이 일어나지 못해 심층 순환이 약화되어 저위도의 열에너지를 고위도로 수송하지 못하게 될 것이다. 이것은 열에너지를 머금은 수증기의 순환도 원활하지 않게 된다는 뜻으로 만약 심층 순환이 완전히 멈춰버린다면 저위도 지역의 에너지가 고위도로 운송되지 못해 고위도 지역에서는 빙하기가 발생할 수 있다.

채점 기준

채점 기준	배점(점)
(1)의 서술이 타당할 때	3
(2)에서 두 가지 이상을 서술했을 때	2
총 배점 (1)+(2)	5

22 답 원일점(북반구의 여름)은 태양에 더 가까워져 북반구의 여름은 더 더워진다. 근일점(북반구의 겨울)은 태양에서 더 멀어져 북반구의 겨울은 더 추워진다.

해설 지구의 공전 궤도가 완전한 원이 되는 경우 이심률이 작아지는 것이기 때문에 원일점은 태양에 더 가까워져 북반구 여름은 더 더워지고, 근일점은 태양에 더 멀어져 북반구 겨울은 추워진다. 그리고 기온의 연교차는 커진다.
이때 공전 궤도가 완전한 원이 되어도 계절은 변한다. 그 이유는 지구 상의 특정 지점에 빛이 비치는 각도와 관련이 있다. 각도는 1년 내내 계속 바뀌는데, 이는 자전축이 황도면에 대해 비스듬히 기울어 있기 때문이다. 이심률이 변해도 지구 자전축의 변화는 없는 상황이다.

채점 기준

채점 기준	배점(점)
타당하게 서술했을 때	5

23 답 (가) : D   (나) : A

해설 (가)에서 해뜰 때 달은 남서쪽에서 관측되므로 그림에서 태양과 달 사이의 시차가 $90° \sim 180°$ 이므로 보름이 지나 음력 18~20일 경으로 조금 있으면 하현달이 된다. 따라서 왼쪽이 밝게 보이는 D와 같은 모양이다.
(가)의 달은 약 보름 후 (나)의 위치에서 관측되며, 해질 때 서쪽 하늘에서 관측되므로 음력 3~4일 경이며, 조금 있으면 오른쪽 반달인 상현달이 된다. 그림에서 태양과 달 사이의 시차가 $0° \sim 90°$이므로 (나)에서의 달의 모습은 A와 같은 모양이다.
B는 그믐달로 하현달과 삭 사이의 모양이고, C는 상현달과 보름달 사이의 모양이다.

채점 기준

채점 기준	배점(점)
답이 모두 맞았을 때(부분점수 없음)	5

24 답 0.2 (″)

해설 절대 등급이 같으므로 별 A와 B의 실제 밝기는 같다. 하지만 겉보기 등급은 2등급 차이가 나므로 눈에 보이는 별의 밝기는 별 B보다 별 A가 $2.5^2 ≒ 6.3$(배) 밝다.
별 A의 연주 시차가 0.5″ 이므로, 별까지의 거리는 2 pc 이고, 별의 밝기는 거리의 제곱에 반비례하므로, 별 B는 별 A보다 2.5 배 먼 거리에 있는 것이다. 따라서 별 B까지의 거리는 별 A까지 거리의 2 pc × 2.5 = 5(pc)가 되므로 별 B의 연주 시차는 다음과 같다.

$$p = \frac{1}{r} = \frac{1}{5} = 0.2(″)$$

채점 기준

채점 기준	배점(점)
답이 맞았을 때	5

25 답 모두 항상성 유지와 관련이 있다. 아메바의 수축포는 삼투압을 조절하여 체액의 농도를 일정하게 유지하는 것이고, 플라나리아의 불꽃세포는 배설기관으로 노폐물을 버리고 체내의 수분이나 염류 농도를 일정하게 유지하는 역할을 한다.

해설 무척추동물의 배설기관은 크게 수축포·원신관·신관으로 나누어지고, 그 형태와 구조는 여러 가지이다. 아메바에서 관찰할 수 있는 수축포는 세포기관의 하나로 노폐물이나 여분의 수분을 세포 밖으로 배출하며 삼투압 조절에 관여한다. 해산 원생동물은 세포내액의 삼투압 농도가 바닷물의 농도와 같아서 세포 내외의 수분이 평형을 유지하지만, 담수산 원생동물은 체액의 삼투압이 담수(민물)보다 훨씬 높아 세포막을 통하여 물이 체내로 들어오기 때문에 삼투를 조절해야 한다. 따라서 수축포를 통하여 물을 몸 밖으로 배출하여 체내의 수분량을 조절한다. 원신관에서 볼 수 있는 불꽃세포는 편모 다발의 운동으로 노폐물이 세관 안으로 유도되어 노폐물을 걸러낸다.

채점 기준

채점 기준	배점(점)
답이 맞고 이유가 타당할 때	5
답이 맞지만 서술이 충분하지 않을 때	3
총 배점	5

26 답 ㄴ, ㅁ, ㅂ

해설

시험관	반응	결과
A (ㄹ)	저온 처리를 하면 트롬보키네이스, 트롬빈 등 효소의 작용이 억제되므로 혈액의 응고를 방지할 수 있다.	혈액 응고 방지
B (ㄷ)	공기와 접하게 되면 혈소판 내의 트롬보키네이스 효소의 작용으로 혈장에 있는 프로트롬빈이 트롬빈으로 바뀌고, 트롬빈이 다시 파이브리노젠을 파이브린으로 변화시켜 혈구와 엉키면서 혈액이 응고된다.	혈액 응고
C (ㅂ)	진공 상태에서는 혈소판이 파괴되지 않기 때문에 혈액 응고 작용이 일어나지 않는다.	혈액 응고 방지
D (ㅁ)	시트르산 나트륨 또는 옥살산 나트륨을 첨가하면 혈장 속의 Ca^{2+} 가 제거되어 혈액의 응고를 방지할 수 있다.	혈액 응고 방지
E (ㄱ)	Ca^{2+} 는 트롬보키네이스와 함께 프로트롬빈을 트롬빈으로 활성화시키기 때문에 Ca^{2+} 를 첨가하게 되면 혈액이 응고된다.	혈액 응고
ㄴ.	헤파린 또는 히루딘을 첨가하면 각각 트롬빈의 생성 및 작용을 억제하여 혈액 응고를 방지해 준다. 헤파린은 사람의 간에서 생성되며, 히루딘은 거머리의 침 속에 들어 있다.	혈액 응고 방지

채점 기준

채점 기준	배점(점)
답이 모두 맞았을 때(부분 점수 없음)	5

27
답 (1) 포도당, 설탕, 갈락토스 모두 호흡 기질로 이용하지만 포도당을 호흡 기질로 이용할 때 가장 발효가 잘 일어난다.

(2) 알코올 발효. 발효가 진행된 발효관에서 알코올 냄새가 났다. 또 KOH 용액은 기체 CO_2를 흡수하는 성질이 있고, KOH 용액을 섞어준 후 B ~ D 의 발효로 인해 발생한 기체가 줄어드는 것으로 보아 KOH 가 방출된 CO_2를 흡수했을 것이다. CO_2를 방출하는 발효는 알코올 발효이다.

채점 기준

채점 기준	배점(점)
(1)의 서술이 타당할 때	3
(2)의 답이 맞고 설명이 타당할 때	2
(2)의 답이 맞지만 설명이 타당하지 않을 때	1점 감점
총 배점 (1)+(2)	5

28
답 (1) : 물관

(2) 증산 작용이 왕성할 때이며, 바람이 불 때, 온도가 높을 때, 습도가 낮을 때, 빛의 세기가 강할 때 등이다.

해설 병균에 오염되거나 양분이 부족한 노쇠한 나무는 식물에게도 링거 주사를 놓는데, 수액 주사는 식물의 물관부를 통해 공급해주며 중심 쪽의 물관부보다는 바깥쪽의 물관부가 약물의 이동 통로가 된다. 물관을 통하여 주입된 수액은 가지와 잎으로 퍼져나가게 된다. 나이를 너무 먹어 쇠약해진 나무, 옮겨 심느라 뿌리가 잘려진 나무, 썩은 나무속을 파내고 외과수술 한 나무 등은 빨리 나무의 세력을 회복하고 뿌리가 잘 나올 수 있도록 줄기에 주사를 준다.

증산 작용이 활발하게 일어날 때 물의 상승도 활발히 일어나기 때문에 맑게 개인 날이나 또는 건조한 시기의 이른 아침이 가장 적당하다.

채점 기준

채점 기준	배점(점)
(1)의 답이 맞을 때	2
(2)의 설명이 타당할 때	3
(2)의 설명이 충분치 않을 때	1점 감점
총 배점	5

29
답 ㉠ : 고막 ㉡ : 귓속뼈 ㉢ : 청각 신경

㉣ : 외부 소리 신호에 따라 진동하여 내이로 전달한다.

㉤ : 소리 신호를 증폭시킨다.

㉥ : 소리 신호를 전기신호로 바꿔 뇌로 전달한다.

채점 기준

채점 기준	배점(점)
답이 모두 맞았을 때	5
1개 틀릴 때마다	1점씩 감점

30
답

〈배란되는 세포〉　〈난세포〉

해설 난원세포가 감수 분열 간기에서 DNA가 복제되어 제1 난모세포는 2개의 염색 분체를 지닌 염색체를 가진다. 감수 1분열 결과로 형성된 제2 난모세포와 제1 극체가 형성되며, 이때 상동 염색체가 분리되어 염색체 수는 반감한다. 제2 난모세포가 감수 2분열을 한 결과 제2 난모세포와 제2 극체를 형성하며, 이때 염색 분체가 분리되므로 염색체 수는 변하지 않은 채 DNA 양만 반감하게 된다.

채점 기준

채점 기준	배점(점)
모두 맞게 그렸을 때	5
1개만 맞게 그렸을 때	2

31
답 (1) 식용으로 재배하는 바나나는 씨가 없어 유성생식을 하지 못하고 뿌리를 잘라 옮기는 무성생식으로만 번식해야 한다. 이 방식으로 늘어난 개체는 처음의 나무와 유전자가 완전히 똑같은 복제체이다. 따라서 유전적 다양성이 빈약하므로 한번 치명적인 병의 위협을 받게 되면 여기에 이겨낼 다양한 변이를 가진 개체가 없어 자연선택을 받지 못하고 한꺼번에 말라죽을 수 있다.

(2) 예시 답안 : ① 바나나의 병인 파나마병과 신파나마병의 백신을 개발한다. 이전에 캐번디시를 개발했던 것처럼 파나마병과 신파나마병에 견딜 수 있는 새로운 품종을 개발한다.

② 질병 등의 불리한 환경에도 이겨낼 개체가 존재할 수 있도록 바나나를 유성 생식으로 교배한다.

③ 유전자 조합을 통해 유전적 다양성을 높인다 등

채점 기준

채점 기준	배점(점)
(1)을 '무성생식', '변이', '자연 선택' 의 단어 중 1개 이상를 사용하여 타당한 서술을 할 때	3
(2)의 예시 답안 중 1개 이상을 서술했을 때	2
총 배점 (1)+(2)	5

해설

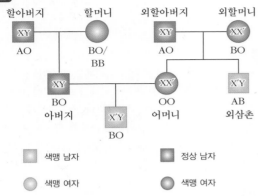

할아버지 XY AO — 할머니 BO/BB　　외할아버지 XY AO — 외할머니 XX´ BO

아버지 XY BO　　어머니 XX´ OO　　외삼촌 X´Y AB

X´Y BO

■ 색맹 남자　　　■ 정상 남자
● 색맹 여자　　　● 색맹 여자

ㄱ. 윤후의 아버지의 경우 할아버지로부터 O 유전자를 받고 할머니로부터 B 유전자를 받아야 B형이 될 수 있으므로 BO 이형 접합이 된다.

ㄴ. 윤후의 외할머니는 BO, 외할아버지는 AO 의 유전자형을 가지고 있어야 O 형과 AB 형 이 태어날 수 있다.

ㄷ. BO, X´Y 가 OO, XX´과 결합하면 BO, X´Y 가 태어날 수 있다.

	B	O
O	BO	OO

	X	X´
X´	XX´	X´X´
Y	XY	X´Y

채점 기준

채점 기준	배점(점)
답이 모두 맞을 때(부분점수 없음)	5

모의고사 4 회 (p60~77)

01 답 (1) 증가한다. 이유 : 해설참조
(2) ① 수면은 빗면과 평행을 이룬다. 이유 : 해설참조
　　② 수면은 지면과 평행을 이룬다. 이유 : 해설참조

해설

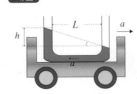

(1) 높이 차 h 에 해당하는 액체(밀도ρ)의 무게와 U자관(단면적 A)바닥의 길이 L의 액체가 받는 관성력(ma)이 평형을 이룬다.

$$\rho h A g = \rho L A a \ , \ gh = La$$

U자 관의 폭(L)과 양쪽관 액체의 높이 차(h)는 비례한다.

(2) ① 마찰력을 무시할 때 물이 든 U자관은 빗면 아래 방향으로 $g\sin\theta$ 의 가속도 운동을 한다. 따라서 U자관 내의 물은 반대 방향으로 관성력을 받게 된다.

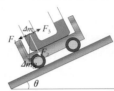

수면 상의 작은 질점 Δm 은 빗면 방향으로 중력에 의해 $F_1(\Delta mg\sin\theta)$의 힘을 받고, 반대 방향으로 $F_3(\Delta mg\sin\theta)$의 관성력을 받아 느껴지는 힘이 0인 상태가 되지만, 빗면에 수직 방향으로 $F_2(\Delta mg\cos\theta)$의 힘을 받으므로 수면은 빗면에 평행이 된다.

② 수레를 빗면 위에서 등속 운동시키면 작은 질점 Δm 은 그림의 관성력(F_3)이 나타나지 않고 중력만을 받게 되므로 수면은 지면에 평행한 상태를 이루게 된다.(수면은 Δm 이 받는 힘에 수직인 상태를 유지한다.)

채점 기준

채점 기준	배점(점)
(1)의 답과 이유 설명이 타당할 때	2
(2)의 ①② 설명이 모두 타당할 때	3
(2)의 ①② 설명 중 하나만 타당할 때	1점 감점
총 배점	5

02 답 $\omega = \sqrt{\dfrac{g}{l} + \dfrac{2k}{m}}$

해설 다음 그림은 평형 상태에서 서로 반대 방향으로 각각 x 만큼 밀어 용수철을 압축시킨 상태를 나타낸 것이다.

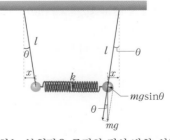

단진자에 작용하는 복원력은 중력의 접선 방향 성분 $mg\sin\theta$ 이

고, θ 가 매우 작을 경우 $\sin\theta ≒ \theta = \dfrac{x}{l}$ 로 볼 수 있다. 이때 양쪽 방향에서 x 만큼 밀었으므로 용수철이 줄어든 길이는 $2x$ 이다. 따라서 추에 작용하는 복원력은 다음과 같다.

$$F = mg\sin\theta + 2xk ≒ mg\dfrac{x}{l} + 2xk = m\omega^2 x$$

$$\therefore \omega^2 = \dfrac{g}{l} + \dfrac{2k}{m}, \; \omega = \sqrt{\dfrac{g}{l} + \dfrac{2k}{m}}$$

채점 기준

채점 기준	배점(점)
답이 모두 맞을 때(부분점수 없음)	5

03 답 $\sqrt{\dfrac{Gm}{l}}$

해설 다음 그림과 같이 행성 B 를 기준으로 xy 축 평면 상에 세 행성을 배치하면, 행성 A에는 행성 A와 B 사이에 작용하는 인력 F_{AB}와 A와 C 사이에 작용하는 인력 F_{AC} 두 힘이 작용한다. 이때 세 행성의 질량이 모두 같으므로, F_{AB} 와 F_{AC} 의 x 방향 성분은 서로 상쇄되고, y 방향 성분의 합력이 행성 A 에 작용하는 알짜힘의 크기가 된다.

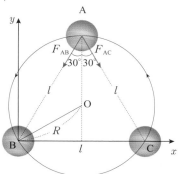

행성 A의 구심력 $= F_{AB}\cos 30° + F_{AC}\cos 30° = \dfrac{\sqrt{3}\, Gm^2}{l^2}$

$$\dfrac{\sqrt{3}\, Gm^2}{l^2} = \dfrac{mv^2}{R} \; (R\cos 30° = \dfrac{l}{2}) \rightarrow v = \sqrt{\dfrac{Gm}{l}}$$

채점 기준

채점 기준	배점(점)
답과 풀이가 맞을 때(부분점수 없음)	5

04 답 (1) 1.64×10^{-20}cal (2) 10.9

해설 (1) 증발열을 $Q_{증}$ 이라고 하면, $Q_{증} = \varepsilon n \rightarrow \varepsilon = \dfrac{Q_{증}}{n}$ 으로 나타낼 수 있다. 물분자의 몰질량은 18g/mol이므로, 물 1g 에 들어 있는 분자수는 다음과 같다.

$$n = \dfrac{6.02 \times 10^{23}}{18} = 0.3344\cdots \times 10^{23} ≒ 0.33 \times 10^{23}(개/g)$$

$$\therefore \varepsilon = \dfrac{Q_{증}}{n} = \dfrac{540}{0.33 \times 10^{23}} ≒ 1.64 \times 10^{-20}(cal)$$
$$= (1.64 \times 10^{-20}) \times 4.2 J/cal = 6.89 \times 10^{-20}(J)$$

(2) 물분자 1개의 평균 운동 에너지가 단원자 분자 이상 기체와 같이 절대 온도에 의해 결정된다면 물분자 1개의 평균 운동 에너지는 다음과 같다.

$$E_k = \dfrac{3}{2} kT = \dfrac{3}{2} \times (1.38 \times 10^{-23}) \times (273 + 32)$$
$$≒ 6.31 \times 10^{-21}(J)$$
$$\therefore \dfrac{\varepsilon}{E_k} = \dfrac{6.89 \times 10^{-20}}{6.31 \times 10^{-21}} ≒ 10.9$$

이는 물분자에서 빠져나가는 분자 1g 의 평균 에너지 ε 가 물분자 1개의 평균 운동 에너지 E_k의 10.9배 정도 된다는 것을 의미한다.

채점 기준

채점 기준	배점(점)
(1)의 답이 맞을 때	2
(2)의 답이 맞을 때	3
총 배점	5

05 답 $I_1 = 76$A, $I_2 = 5$A, $I_3 = 71$A

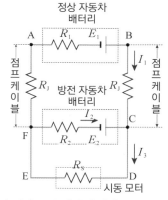

점프 케이블의 저항 R_J은 다음과 같다.

$$R_J = 비저항 \times \dfrac{길이}{면적} = \dfrac{(1.68 \times 10^{-8}) \times 3}{3.14 \times (2.5 \times 10^{-3})^2} = 0.0026(\Omega)$$

제 1 법칙 : 분기점 C에서 $I_1 + I_2 - I_3 = 0$ $\cdots$ ㉠

제 2 법칙 : 폐회로 ABCDEFA에서
$$E_1 - R_J I_1 - R_S I_3 - R_J I_1 - R_1 I_1 = 0$$
$$\rightarrow 12.5V - 0.0026I_1 - 0.15I_3 - 0.0026I_1 - 0.02I_1 = 0$$
$$\rightarrow 12.5V - 0.025I_1 - 0.15I_3 = 0 \; \cdots ㉡$$

폐회로 FCDEF에서 $E_2 - R_S I_3 - R_2 I_2 = 0$
$$\rightarrow 10.1V - 0.15I_3 - 0.1I_2 = 0 \; \cdots ㉢$$

㉠, ㉡, ㉢ 에 의해 전류 I_1, I_2, I_3 는 각각 다음과 같다.
$$\therefore I_1 = 76(A), \; I_2 = -5(A), \; I_3 = 71(A)$$

채점 기준

채점 기준	배점(점)
답이 모두 맞을 때(부분점수 없음)	5

06 답 $\dfrac{B^2qR^2}{4mEd}$

해설 사이클로트론에서 마지막 원운동의 회전 반경은 사이클로트론 극판의 반경과 같은 R 이다. 입자의 최종 속력을 v_f 라고 하면,

$$R = \frac{mv_f}{Bq} \ \rightarrow \ v_f = \frac{BqR}{m}$$

이다. 사이클로트론에서 원운동한 횟수를 N 이라고 하면, 원운동을 1회 할 때 전기장이 형성되어 있는 극판 사이의 간격 d 를 2번씩 이동하는데 전기장은 그때마다 대전 입자에 일($F \cdot S = qEd$)을 하므로 입자의 운동 에너지는 그만큼 증가한다.

$$2qEd \cdot N = \frac{1}{2}mv_f^2 \ \rightarrow \ N = \frac{B^2qR^2}{4mEd}$$

채점 기준

채점 기준	배점(점)
답이 맞을 때	5

07 답 (1) $\dfrac{\sqrt{5}}{2}$ (2) $10°$

해설 (1) 정사각형의 윗면에서 입사각 = 30°, 굴절각을 r, 공기의 굴절률 = 1, 정사각형의 굴절률을 n 이라고 하면, 굴절 법칙은 다음과 같다.

$$\frac{\sin i}{\sin r} = \frac{n_{물체}}{n_{공기}}, \ \frac{\sin 30°}{\sin r} = \frac{n}{1} \ \rightarrow \ n\sin r = \frac{1}{2} \ \cdots \ ㉠$$

정사각형의 오른쪽 면에서 입사각 = $90 - r$, 굴절각 = 90°이므로, 굴절 법칙은 다음과 같다.

$$\frac{\sin(90 - r)}{\sin 90°} = \frac{1}{n} \ \rightarrow \ n\cos r = 1 \cdots ㉡$$

$(\sin(90 - r) = \cos r)$

$$㉠^2 + ㉡^2 = n^2(\sin^2 r + \cos^2 r) = \frac{1}{4} + 1 = \frac{5}{4}$$

$\sin^2 r + \cos^2 r = 1$ 이므로,

$$n^2 = \frac{5}{4}, \ \therefore n = \frac{\sqrt{5}}{2}$$

(2) 직각 삼각형 내부에서 빛의 진행 경로는 다음과 같다.

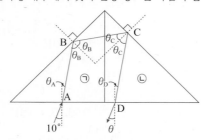

A점으로 입사각 10°로 입사한 빛은 각 θ_A 로 굴절한 후, ㉠의 왼쪽 면에 각 θ_B 로 입사하여 같은 각도로 반사한다. 이 빛은 ㉠의 오른쪽 면에 각 θ_C 로 입사하여 같은 각도로 반사한 후, D점에서 각 θ_D 로 입사한 후 각 θ 로 굴절하여 나간다.
이때 $\theta_B + \theta_C = 90°$ 이고, $2(\theta_B + \theta_C) = 180°$ 이므로 선분 AB와 DC는 평행함을 알 수 있다. 따라서 $\theta_A = \theta_D$ 가 되므로, 굴절 법칙 $n_{공기}\sin 10° = n_{물체}\sin\theta_A$, $n_{물체}\sin\theta_D = n_{공기}\sin\theta$ 이므로,
$\theta = 10°$ 이다.

채점 기준

채점 기준	배점(점)
(1)의 답이 맞을 때	2
(2)의 답이 맞을 때	3
총 배점 (1)+(2)	5

08 답 (1) $\dfrac{nh}{2\pi rm}$ (2) $\dfrac{h^2}{4\pi^2 kme^2}$ (3) $-\dfrac{2\pi^2 k^2 me^4}{h^2 n^2}$

해설 (1), (2) 전자가 원자핵 둘레를 원운동하고 있으므로, 전자에 작용하는 구심력은 양성자와 전자 사이에 작용하는 전기력이다.

$$F = k\frac{e^2}{r^2} = \frac{mv^2}{r} \ \rightarrow \ r = \frac{ke^2}{mv^2} \ \cdots ㉠$$

이때 전자의 궤도 반지름 r 은 양자 조건을 만족시켜야 한다.

$$2\pi rmv = nh \ \rightarrow \ \therefore v = \frac{nh}{2\pi rm} \ \cdots ㉡$$

㉠과 ㉡에 의해 양자수 n 일 때, 전자의 궤도 반지름 r_n 은 다음과 같다.

$$r_n = \frac{n^2 h^2}{4\pi^2 kme^2}$$

양자수 $n = 1$일 때, 궤도 반지름 $r_1 = \dfrac{h^2}{4\pi^2 kme^2}$ 이다. 이를 보어 반지름 a_0 라고 하며, 그 크기는 약 0.53×10^{-10}(m) 이다.

(3) 수소 원자에서 전자에 작용하는 힘 $F = k\dfrac{e^2}{r^2} = \dfrac{mv^2}{r}$ 이므로, 원자핵 주위를 원운동하는 전자의 운동 에너지는 다음과 같다.

$$E_k = \frac{1}{2}mv^2 = \frac{1}{2}\frac{ke^2}{r}$$

원자핵으로부터 r 만큼 떨어진 곳에 있는 양성자와 전자 사이에 작용하는 전기력에 의한 전자의 퍼텐셜 에너지 $E_p = -k\dfrac{e^2}{r}$ 라고 하였으므로 수소 원자에 있는 전자의 역학적 에너지는 다음과 같다.

$$E = E_k + E_p = \frac{1}{2}\frac{ke^2}{r} - \frac{ke^2}{r} = -\frac{ke^2}{2r}$$

양자수 n 일 때, 전자의 궤도 반지름 $r_n = \dfrac{n^2 h^2}{4\pi^2 kme^2}$ 이므로, 수소 원자의 에너지 준위는 다음과 같다.

$$E_n = -\frac{2\pi^2 k^2 me^4}{n^2 h^2}$$

채점 기준

채점 기준	배점(점)
(1)의 답이 맞을 때	2
(2)의 답이 맞을 때	1
(3)의 답이 맞을 때	2
총 배점 (1)+(2)+(3)	5

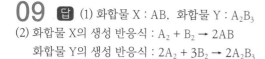

09 답 (1) 화합물 X : AB, 화합물 Y : A_2B_3
(2) 화합물 X의 생성 반응식 : $A_2 + B_2 \rightarrow 2AB$
화합물 Y의 생성 반응식 : $2A_2 + 3B_2 \rightarrow 2A_2B_3$

해설 (1) 화합물 X를 구성하는 A, B 원자의 개수비는 A, B의 질량을 각 원소의 원자량으로 나누어 구할 수 있다. 따라서 화합물 X에서 A와 B의 개수비는 $A : B = \frac{7}{14} : \frac{8}{16} = 1 : 1$이다.

따라서 실험식은 AB이고, 화합물 X의 분자는 성분 원소의 원자가 가장 간단한 정수비로 결합하여 이루어진다고 했으므로 실험식과 분자식이 같다. 따라서 화합물 X의 분자식은 AB이다.
화합물 Y를 구성하는 A, B 원자의 개수비는 A, B의 질량을 각 원소의 원자량으로 나누어 구할 수 있다. 따라서 화합물 Y에서 A와 B의 개수비는 $A : B = \frac{7}{14} : \frac{12}{16} = 2 : 3$이다. 따라서 실험식은 A_2B_3이고, 화합물 Y의 분자는 성분 원소의 원자가 가장 간단한 정수비로 결합하여 이루어진다고 했으므로 실험식과 분자식이 같다. 따라서 화합물 Y의 분자식은 A_2B_3이다.
(2) 반응물은 A_2와 B_2이고, 생성물은 각각 AB, A_2B_3이므로 화살표 왼쪽과 오른쪽에 각각 써 준 후 양쪽의 원자수를 맞춰서 화학 반응식을 완성한다.

채점 기준

채점 기준	배점(점)
(1)의 답이 맞을 때	3
(2)의 답이 모두 맞을 때	2
총 배점 (1)+(2)	5

10 답 (1) 증기 압력 : X > Y, 분자 간 인력 : X < Y
(2) 변화 없다

해설 (1) 액체 X와 Y의 온도가 다름에도 수은 기둥의 높이가 같으므로 각각의 온도에서 두 액체의 증기 압력은 같다. 만약 25℃로 온도가 같다면 증기 압력은 X가 Y보다 크다. 액체의 분자 간 인력이 클수록 기체의 증기 압력은 작으므로 분자 간 인력은 X가 Y보다 작다.
(2) 증기 압력은 액체의 양과 관계가 없으므로 온도가 일정할 때, X 30 mL 를 더 넣어도 증기 압력의 변화는 없고, 수은 기둥의 높이 변화도 없다.

채점 기준

채점 기준	배점(점)
(1)의 답이 모두 맞고 이유가 타당할 때	3
(2)의 답이 맞을 때	2
총 배점 (1)+(2)	5

11 답 (1) 맑고 바람이 없는 날 새벽 온도가 내려가면 대기 중 수증기가 물체 표면에 승화하여 달라붙어 서리가 생기며, 서리는 해가 떠오르면 녹기 시작하는데, 얼음 1 g 이 녹을 때 80 cal 의 열을 흡수한다. 해가 떠오르기 시작하는 아침에는 얼음이 녹으면서 열을 흡수하여 기온이 떨어진다. 그러나 시간이 지나면 서리는 다 녹으며, 맑고 바람이 없으므로 지표면의 따뜻한 공기가 보온 역할을 하게 되어 날씨가 따뜻해진다.

(2) 음식물에서 나온 수증기가 승화하여 얼음 상태로 바뀌어 냉동실 내부 벽에 달라붙은 것이다.

(3) 수분은 온도가 높은 음식물 속보다 차가운 냉동실 벽으로 이동하는 경우 에너지를 적게 가지게 되어 더 안정해지므로 음식물에서 냉동실 벽 쪽으로 수분이 계속 이동하여 성에가 생기며 음식물은 건조해지게 된다.

(4) 음식물 속보다 포장지가 더 차갑기 때문에 포장 안쪽에 성에가 낀다. 포장지에 낀 성에의 양을 보면 음식물이 보관된 기간을 가늠할 수 있다.

채점 기준

채점 기준	배점(점)
(1),(2),(3),(4)의 설명이 타당하지 않을 때	문항당 1점씩 감점
총 배점	5

12 답 붕소(B), 규소(Si), 저마늄(Ge), 비소(As)
이유 : 금속은 대부분 도체이고, 비금속은 대부분 부도체이다. 따라서 반도체가 될 수 있는 것은 금속과 비금속의 중간 성질을 갖는 준금속이다. 준금속은 다중 결합을 하므로, 결합 수가 한개 적은 원소나 한개 많은 원소와 결합하면 결합 후 남는 전자나 양공이 자유전자의 역할을 하여 전기 전도성을 갖게 된다. 주기율표의 원소 중 준금속은 붕소(B), 규소(Si), 저마늄(Ge), 비소(As)이다.

해설 주기율표상에 14족에 위치하는 저마늄(Ge), 규소(Si) 등이 대표적인 반도체이다. 탄소(C)는 전기전도성이 있으므로 반도체 소재가 아니다. 과거에는 저마늄(Ge)이 주로 사용되었지만 현재는 실리콘(규소, Si)에 13족의 붕소(B)나 15족의 인(P)등을 첨가하여 사용하는 화합물 반도체나 갈륨 비소(GaAs)나 인듐인(InP) 등이 쓰이기도 한다. 순수한 반도체는 14족 원소로 이루어져 모든 전자가 공유 결합을 이룬다. 여기에 15족 원소를 첨가하면 잉여 전자가 발생하여 n형 반도체가 되며, 13족 원소를 첨가하면 전자가 부족하게 되어 양공이 발생한 p형 반도체가 된다.

채점 기준

채점 기준	배점(점)
답이 맞고 이유를 타당하게 서술했을 때	5
답이 맞지만 이유가 불충분할 때	2
총 배점	5

13 답 21번

해설 에테인과 에틸렌의 부피비가 1 : 1 이므로 비율은 에테인과 에틸렌이 각각 50 % 이고, 에테인과 에틸렌의 양을 각각 1 이라고 가정한다. 흡착 과정을 통해 에테인의 양은 일정하며, 에틸렌의 양이 10 % 씩 감소하므로 첫 번째 흡착 과정을 거치면 에틸렌의 양은 0.9가 되고, 에테인의 비율은 $\dfrac{1}{1 + 0.9} \times 100 = 53$ % 이다. 두 번째 흡착 과정을 거치면 에틸렌의 양은 $0.9 \times 0.9 = 0.81$이 되고, 에테인의 비율은

$\dfrac{1}{1 + 0.81} \times 100 ≒ 55.25$ % 이다. 따라서 n 번째 흡착 과정을 거치면 에틸렌의 양은 $(0.9)^n$ 이고, 이때 에테인의 비율은

$\dfrac{1}{1 + (0.9)^n} \times 100$ 이다. 이 비율이 90 % 이상이 될 때, n을 구하기 위해서는 다음과 같은 식이 성립한다.

$$\dfrac{1}{1 + (0.9)^n} \times 100 \geq 90(\%)$$

$\dfrac{100}{90} \geq 1 + (0.9)^n$, $\dfrac{1}{9} \geq (0.9)^n$ 이므로 log 로 나타내면

$-2\log 3 \geq n(2\log 3 - 1)$, $n \geq \dfrac{2\log 3}{(1 - 2\log 3)}$ 이다.

$\log 3$ 은 0.477이므로 $\dfrac{2\log 3}{(1 - 2\log 3)} ≒ 20.74$ 이다. 따라서 21번 이상의 흡착 과정을 거치면 순도 90 % 인 에테인을 얻을 수 있다.

채점 기준

채점 기준	배점(점)
답이 맞을 때	5

14 답
(1) H_2O의 중심 원자 O는 비공유 전자쌍이 2개이므로 AB_2E_2으로 정사면체형의 모서리 두 곳에 전자가 채워진다. 비공유 전자쌍 간의 반발력이 크므로 수소 원자가 반대쪽으로 밀려서 굽은 형이 된다.
(2) 물 분자의 구조가 굽은 형이므로 쌍극자 모멘트 합이 0이 될 수 없어 극성 분자이다. 따라서 수소 결합이 가능해지므로 분자 사이의 인력이 커서 높은 녹는점, 끓는점과 높은 비열, 큰 표면 장력 등의 물의 특징을 갖는다.

채점 기준

채점 기준	배점(점)
(1)의 설명이 타당할 때	2
(2)의 설명이 타당할 때	3
총 배점 (1)+(2)	5

15 답 (1) $H^+(aq) + OH^-(aq) \rightarrow H_2O$　(2) 0.084 g

해설 $NaHCO_3(aq)$에 $HCl(aq)$을 과량으로 첨가하면 H_2CO_3, $NaCl$ 이 생성된다.
(1) 과정 (다)의 알짜 이온 반응식은 HCl과 NaOH의 강산, 강염기 중화 반응이므로,

$$H^+(aq) + OH^-(aq) \rightarrow H_2O(l)$$

(2) 과정 (나)에서 과량의 $HCl(aq)$은 0.1 M 25 mL 이므로 몰수는 0.0025몰이다. 종말점에서 적정된 $NaOH(aq)$을 15 mL 넣어 중화되었으므로 중화 반응한 0.1 M $HCl(aq)$은 15 mL 이고, 0.0015몰이다.
사용된 전체 H_3O^+ 몰수는 제산제의 H_3O^+ 의 몰수와 중화 반응 시 사용된 H_3O^+ 의 몰수 합이므로 0.0025몰 = 제산제 반응한 H_3O^+ 몰 + 0.0015몰이고, 제산제 반응한 H_3O^+은 0.0010몰이 된다. 여기서 화학 반응식을 확인하여 몰수비를 구하면 $NaHCO_3$와 HCl 의 비는 1 : 1 이 된다.

$$NaHCO_3 + HCl \rightarrow Na^+ + H_2CO_3 + Cl^-$$

$NaHCO_3$의 질량은 몰수와 분자량의 곱이다.
$0.0010 \times 84 = 0.084$ g 이다.

채점 기준

채점 기준	배점(점)
(1)의 답이 맞을 때	2
(2)의 답이 맞을 때	3
총 배점 (1)+(2)	5

16 답 (1)
산화 전극 : $2H_2(g) + 4OH^-(aq) \rightarrow 4H_2O(l) + 4e^-$
환원 전극 : $O_2(g) + 2H_2O(l) + 4e^- \rightarrow 4OH^-(aq)$
(2) 변함없다.

해설 수소 - 산소 연료 전지의 반응식은 다음과 같다.
산화 전극(전자 잃음) : $2H_2(g) + 4OH^-(aq) \rightarrow 4H_2O(l) + 4e^-$
환원 전극(전자 얻음) : $O_2(g) + 2H_2O(l) + 4e^- \rightarrow 4OH^-(aq)$
(2) 산화 전극과 환원 전극에서 같은 양의 OH^-이 반응하고 생성되므로 OH^-의 수는 변함이 없다.

채점 기준

채점 기준	배점(점)
(1)의 답이 모두 맞을 때	3
(2)의 답이 맞을 때	2
총 배점 (1)+(2)	5

17 답 (1) ① 구리는 다른 금속보다 반응성이 작아서 자연 상태에서 쉽게 발견될 수 있다.
② 구리의 녹는점은 철보다 훨씬 낮아서 제련하기 쉽다.
③ 청동은 구리와 주석의 합금인데 합금을 만들 경우 녹는점은 낮아지지만 강해진다.
④ 청동의 전성과 연성 때문에 다양하고 정교한 물건을 만들 수 있다.
(2) ① 철의 강도와 경도가 다른 금속에 비해 월등하다.
② 지각을 구성하는 물질 중 알루미늄 다음으로 많고, 제련이 비교적 쉽다.
③ 철과 탄소의 합금, 철과 다른 금속의 합금은 서로 다른 특성을 갖고 각각 다른 용도로 쓰이므로 활용 범위가 넓다.

채점 기준

채점 기준	배점(점)
(1)의 예를 3가지 이상 든 경우	3
(2)의 예를 2가지 이상 든 경우	2
총 배점 (1)+(2)	5

18 답 (1) 운석은 지구를 형성한 재료이고 지구 구성 물질은 운석 성분과 유사하기 때문
(2) 지진파 분석, 고온·고압 실험, 중력 이상 측정 등
해설 태양계 생성 당시 현재의 운석과 동일한 성분을 지닌 외부 물질들이 뭉쳐 원시 행성을 만들었고, 이후 계속하여 원시 행성에 외부 물질들이 충돌해 현재의 지구를 만들었다. 따라서 운석이 포함하고 있는 구성 물질에 대한 연구를 통해서 지구를 구성하는 물질에 대한 정보를 알 수 있다. 또한 운석에는 46억 년인 지구 나이가 기록돼 있으며 태양계가 만들어지고 지금의 형태로 진화한 과정이 보존되어 있다. 또한 운석 안에는 생명체 탄생에 필수적인 태양계 초기의 유기물까지 들어 있다.
운석을 통한 지구 내부의 구성 물질을 조사하는 방법은 간접적 조사 방법에 속한다. 운석 조사 외에 간접적 지구 내부 조사 방법으로는 지진파 분석, 지구 내부의 환경을 재현하여 실험하는 고온 고압 실험, 중력의 편차를 이용한 중력 이상 측정 등이 있다.

채점 기준

채점 기준	배점(점)
(1)의 설명이 타당한 경우	3
(2)의 예를 2가지 이상 든 경우	2
총 배점 (1)+(2)	5

19 답 북극해의 얼음 면적이 줄어든다는 것은 지구 온난화로 인해 빙하가 녹아서 담수가 바다로 공급된다는 것을 뜻한다. 이때 표층 해수는 고위도 지역에서 낮은 온도와 높은 염분으로 침강해야 하는데, 염분이 낮아져서 침강할 수 없게 되고, 심층 해수로 합류하는 물의 양이 줄어들어 심층 순환이 잘 일어나지 않게 될 것이다. 그에 따라 지구 전체의 해수의 순환이 원활하지 않게 되어서 각종 기상이변이 나타날 것이다.

채점 기준

채점 기준	배점(점)
설명이 타당한 경우	5
설명이 충분하지 않은 경우	최대 3점 감점
총 배점	5

20 답 (1) 해설 참조 (2) ㄷ, ㄹ
해설 (1) B 지역에는 하층운에 해당하는 난층운이 발달한다.

	■ 지역 : C ■ 이유 : C 지역은 지표면 높은 곳에서 따뜻한 공기가 찬 기단에 천천히 밀려올라가 상승하는 지역으로 햇무리가 나타나는 얇은 구름인 권층운이 발달한다. 햇무리는 온난 전선의 권층운(또는 층운형 구름)에 포함된 얼음 알갱이에 입사한 햇빛이 굴절하면서 나타난다.
	■ 지역 : A ■ 이유 : 찬 공기의 세력이 강해지면서 찬 기단이 따뜻한 기단 쪽으로 이동하면서 따뜻한 기단의 밑을 파고 들어가면서 따뜻한 기단이 급격이 상승하는 한랭 전선이 형성된다. 따라서 뭉게뭉게 솟아오르며 두껍게 발달하는 적운형의 구름인 적란운은 A 지역에 발달하여 소나기성 강우가 내린다.

(2) ㄷ. ⓐ와 ⓑ는 풍향이 남서풍이고, ⓒ는 풍향이 북서풍이므로 ⓑ → ⓒ로 변하는 동안에 한랭 전선이 통과하였음을 알 수 있다. 어느 지역이 따뜻하고 남서풍이 불다가 기온이 하락하며 소나기성 강우가 내리고 북서풍이 불게 된다면 한랭 전선이 통과하는 경우이다.
ㄹ. ⓒ는 현재 소나기가 내리는 날씨이므로 그림 (가)의 한랭 전선 뒤쪽인 A지역에서 보이는 날씨라고 추정할 수 있다.
일기 기호를 나타낼 때 기압은 천의 자리와 백의 자리는 생략하고, 소수 첫째 자리까지 나타낸다.

일기 기호	ⓐ	ⓑ	ⓒ
풍속	5 m/s	7 m/s	7 m/s
기압	1005.0 hPa	1007.0 hPa	1011.0 hPa
운량	구름 조금	구름 많음	흐림(소나기)
기온	11 ℃	13 ℃	5 ℃
이슬점	9 ℃	7 ℃	3 ℃

ㄱ. ⓐ와 ⓑ의 풍속 차이는 2 m/s이다.
ㄴ. ⓐ와 ⓑ의 해면 기압 차이는 2 hPa이다.

채점 기준	배점(점)
(1)의 답이 맞고 이유가 타당한 경우	3
(2)의 답이 맞은 경우	2
총 배점 (1)+(2)	5

21 답 ㄱ, ㄷ, ㅁ

해설 ㄱ. 등압선 분포를 보면 a, d 지점은 고기압, b, c 지점은 저기압이다.

ㄴ. (가)에서 저기압 지점인 b는 공기가 가열되어 밀도가 낮아져서 상승 기류가 발생하고, 고기압 지점인 a는 공기가 냉각되어 무거워져 하강 기류가 발생하므로 기온은 b 지점이 a 지점보다 높다. (나)에서 c지점은 가열에 의해 상승 기류가 발생하고, d 지점은 냉각에 의해 하강 기류가 발생하므로 기온은 c 지점이 d 지점보다 높다. 따라서 기온은 b 지점이 a 지점보다 높고, c 지점이 d 지점보다 높다.

ㄷ. 바람은 고기압에서 저기압으로 분다.

ㄹ, ㅁ. (가)는 산등성이가 차가워지고 골짜기가 따뜻하여 한낮보다는 새벽의 기온 분포이다. 따라서 산등성이에서 골짜기를 따라 아래로 산풍이 분다. (나)는 골짜기가 차가워지고 산등성이가 따뜻하여 새벽보다는 한낮의 기온 분포이다. 따라서 골짜기에서 산등성이를 따라 위로 곡풍이 분다.

채점 기준	배점(점)
답이 모두 맞은 경우	5

22 답 엘리뇨가 발생했을 때 : 무역풍이 약해져 적도 반류가 강해지고 중태평양과 동태평양의 표층 수온이 높아져 많은 수증기가 발생하고 대기의 상하 대류가 활발해진다. 이것이 중태평양에 영향을 미쳐 중태평양에서 발생하는 태풍의 수가 많아지고 강수량이 증가한다.

라니냐의 경우 : 무역풍이 강해져 중태평양의 해수의 대류가 강해지기 때문에 중태평양 지역의 표층 수온이 낮아져 중태평양 지역에서의 태풍 발생 갯수가 줄어들고 150°E 서쪽에서 주로 태풍이 발생하게 된다.

채점 기준	배점(점)
엘리뇨 현상을 타당하게 설명하여 중태평양의 태풍의 수가 증가하게 됨과, 라니냐에서 태풍의 갯수가 줄어듦을 타당하게 설명함.	5
엘리뇨 시 태풍의 수가 증가한다는 설명이 있으나 내용이 빈약하거나 논리적 비약이 있음	2
총 배점	5

23 답 (1) 북쪽 (2) 37.5°

해설 (1) 이 별은 시간이 지나도 지평선 아래로 사라지지 않고 고도만 조금씩 변하며 계속 눈에 보이는 주극성이다. 따라서 북극성 방향의 북쪽에서 볼 수 있다.

(2) 북반구에서 주극성은 북극성을 중심으로 일주 운동(원운동)을 하므로 최고 고도와 최저 고도의 중간에 북극성이 있다고 볼 수 있다. $52.5° - 22.5° = 30°$ 이므로 북극성은 최저 고도보다 $15°$ 높은 고도에 위치해 있다.

그러므로 북극성의 고도는 $22.5° + 15° = 37.5°$이다.

채점 기준	배점(점)
(1)의 답이 맞은 경우	1
(2)의 답이 맞은 경우	4
총 배점 (1)+(2)	5

24 답 약 50억 년

해설 태양은 수소 핵융합 반응을 통해 에너지를 발생시키는 주계열성이므로 수소가 헬륨으로 핵융합될 때 상실되는 질량에 질량-에너지 등가 공식을 이용하여 발생하는 에너지를 계산할 수 있다.

총 발생 에너지 $\Delta E = \Delta mc^2$
$= 2 \times 10^{30}$(태양 총 질량) $\times 0.1$(수소 핵융합 반응으로 소모되는 질량의 비율) $\times 0.007$(에너지로 변환되는 질량값) $\times (3 \times 10^8$(광속)$)^2 = 1.26 \times 10^{44}$(J)

태양이 현재의 밝기를 유지한다고 할 때 태양의 남은 수명은 태양의 총 에너지량을 태양이 1초당 방출하는 에너지의 양으로 나누어 계산할 수 있다.

$\dfrac{1.26 \times 10^{44}J}{4 \times 10^{26}J} = 3.15 \times 10^{17}$초

3.15×10^7초 ≒ 1년으로 가정했을 때 태양의 수명은 약 10^{10}년(100억 년)이 된다. 태양의 현재 나이가 약 50억 년이므로 남은 수명은 약 50억 년이다.

채점 기준	배점(점)
답이 맞고 풀이가 타당한 경우	5

25 답 ③, ④

〈옳지 않은 이유〉 ③ 표피 조직과 혈액은 구성이 다르다. 표피 조직은 표피 세포와 공변세포 등으로 이루어져 있으며 혈액(조직)은 적혈구, 혈소판, 백혈구 등의 세포로 구성된다.

④ 표피 조직은 식물체의 표면을 덮는 조직으로 식물체를 보호하는 역할을 한다. 혈액의 적혈구는 산소를 운반하고, 혈소판은 혈액의 응고 작용을 돕는다. 백혈구는 세포 내 소화 작용과 항체 생성에 관여한다.

해설 ② 표피 조직을 이루는 세포들의 크기는 비슷하며, 혈액

을 구성하는 세포들도 다른 조직에 비하면 상대적으로 크기가 비슷한 편이다.

③ 혈액을 구성하는 세포들 중 적혈구와 혈소판은 핵이 없고, 백혈구는 핵을 가지고 있다.

채점 기준

채점 기준	배점(점)
답이 맞고 설명이 각각 타당한 경우	5
답이 맞지만 설명이 불충분할 경우	2점 감점
총 배점 (1)+(2)	5

26 답 ㄱ, ㄴ

이유 : ㄱ. A는 고산지대로 이주한 뒤 고산 환경에 대한 적응으로 혈액 내 헤모글로빈 양이 증가하였을 것이나 헤모글로빈의 양이 증가하여 낮은 산소 분압에서도 이주 전과 동일한 혈액 내 총 산소량을 유지했을 것이다.

ㄴ. 고산지대는 대기압이 낮은 지대로, 동맥혈에 녹은 산소량이 감소되므로 산소 분압 역시 감소된다.

ㄷ.(옳지 않음) 산소 분압이 낮아져 헤모글로빈의 증가로 산소를 보완할 수 없어 심장 박동이 증가하여 산소 부족을 보완하게 된다. 따라서 심장 박동 증가로 필요한 에너지 공급을 위해 미토콘드리아의 수는 증가한다.

해설 사람이 해수면에서 고산지대로 이동하면 전체 대기압이 감소하므로 들이쉰 공기의 산소 분압이 감소한다. 이때 다음과 같은 변화가 나타난다.

1. 호흡이 가빠지고 과도한 호흡이 일어난다. : 산소 분압이 갑자기 낮아졌을 때, 헤모글로빈의 증가로 산소 부족을 보완할 수 없기 때문에 심장 박동이 증가하여 산소 부족을 보완한다. 심장 박동이 증가할 때 필요한 에너지를 공급받기 위해 미토콘드리아의 수가 증가한다.

2. 조직의 적혈구는 산소에 대한 헤모글로빈의 친화성을 감소시켜 많은 양의 산소가 조직으로 방출되도록 한다.

3. 조직 저산소증에 반응하여 신장은 적혈구 조혈인자를 분비한다. 적혈구 조혈인자는 골수를 자극하여 헤모글로빈과 적혈구의 생성을 증가시킨다.

따라서 고지대 사람은 해수면에 있는 사람들보다 헤모글로빈의 산소 포화도는 낮지만, 헤모글로빈의 수가 많아 낮은 산소 분압을 보완할 수 있다. 하지만 적혈구의 증가는 혈액의 점도를 높여 폐고혈압을 초래한다.

채점 기준

채점 기준	배점(점)
(1)의 답이 맞은 경우	2
(2)의 해설이 모두 타당한 경우	3
(2)의 해설이 타당하지 않은 경우	항목당 1점씩 감점
총 배점 (1)+(2)	5

27 답 (1) ④

(2) 근육 세포가 산소 호흡을 통하여 에너지를 생산할 때에는 유기물이 완전히 분해되어 물과 이산화 탄소를 생성하고 많은 양의 ATP를 생성한다. 하지만, 격렬한 운동을 할 때 산소 호흡만으로는 에너지 공급이 충분하지 않기 때문에 무산소 호흡으로 얻은 ATP를 이용한다. 무산소 호흡은 산소가 없는 상황에서도 유기 영양소를 분해하여 ATP를 생산하지만, 유기물이 불완전하게 분해되어 중간 산물인 젖산을 생성한다. 이 젖산은 근육에 쌓여 피곤함과 통증을 유발한다.

해설 (1) ① 에너지 소모량이 15 kcal/분 이상이 될 때, 산소 소비량은 더이상 증가하지 않는다. ② 산소 호흡을 할 때 더 많은 양의 에너지가 생성된다. ③ 위 그래프로 젖산 축적량과 운동의 지속 여부는 알 수 없다. 젖산은 피로 물질로 작용하여 근육의 통증과 피로를 유발한다. ④ 운동의 강도가 15 kcal/분 이상이 될 때, 젖산이 축적되기 시작한다. 젖산은 무산소 호흡의 결과로 생성되는 물질이므로 산소 호흡과 무산소 호흡이 함께 일어난다는 것을 알 수 있다. ⑤ 에너지 소모량이 작은 낮은 강도의 운동을 할 때에는 산소 호흡만을 하기 때문에 산소 소비량이 증가하며 젖산은 축적되지 않는다.

(2) 격렬한 운동을 할 때는 산소 호흡만으로는 에너지를 충분히 공급하기가 어렵기 때문에 운동에 필요한 에너지를 충분히 공급하기 위해 근육 세포는 무산소 호흡을 통해 ATP를 생산하여 근육 운동에 사용한다. 근육 세포에서 무산소 호흡이 일어나면 포도당이 완전히 분해되지 못하여 젖산이 생성되며, 젖산이 쌓이면 근육이 피로해진다.

채점 기준

채점 기준	배점(점)
(1)의 답이 맞았을 때	2
(2)의 설명이 타당할 때	3
총 배점 (1)+(2)	5

28 답 54명

해설 응집원 A, B를 가지면 각각 A형과 B형이다. 둘 모두 가지면 AB형, 하나도 가지지 않으면 O형이다. 응집원 A, B는 각각 응집소 α, β를 만나 응집한다. 재환이의 혈액은 항 A 혈청(B형 표준 혈청 ; 응집소 α 포함)과 항 B 혈청(A형 표준 혈청 ; 응집소 β 포함)에서 모두 응집 반응을 보이지 않았으므로 O형이다. [결과 2]에서 응집원 ㉠을 가진 학생은 A형과 AB형, 또는 B형과 AB형이다. 응집소 ㉡을 가진 학생은 A형과 O형 또는 B형과 O형이다. 응집원 ㉠과 응집소 ㉡을 모두 가진 학생은 A형 또는 B형이다. 따라서 응집소 ㉡을 가진 학생 수에서 응집원 ㉠과 응집소 ㉡을 모두 가진 학생 수를 빼면 응집소 α와 β를 모두 가지고 있는 O형의 학생 수를 알 수 있다. 따라서 111명 - 57명 = 54명이므로 O형은 54명이 된다.

채점 기준

채점 기준	배점(점)
답이 맞은 경우	5

29 답 ②, ④

해설 ① 0 ~ 2초 사이에는 수정체의 두께가 두껍게 유지되고 있는 상태이므로 가까운 곳의 정지되어 있는 물체를 바라보고 있다.
② 2 ~ 4초 사이에는 수정체가 점점 얇아지고 있으므로 점점 멀어지고 있는 물체를 바라보고 있다. 이때 섬모체는 이완하고 진대는 팽팽해져 수정체는 얇아지게 된다.
③ 2 ~ 4초 사이에는 수정체의 두께가 얇아지고 있으므로 가까이 있던 물체가 서서히 멀어지고 있다.
④ 4 ~ 6초 사이에는 다시 수정체가 두꺼워지고 있다. 따라서 먼 곳에 있던 물체가 서서히 다가오고 있다. 이때는 섬모체가 수축하고 진대는 느슨해져서 수정체가 두꺼워지게 되므로 초점 거리는 짧아지게 된다.
⑤ 6 ~ 8초 사이에는 수정체의 두께가 얇은 상태를 유지하는 것으로 보아 먼곳의 정지되어 있는 물체를 바라보고 있다.

채점 기준

채점 기준	배점(점)
답이 맞은 경우(부분점수 없음)	5

30 답 ㄱ, ㄷ

해설 그림 A는 보먼주머니로 여과된 물질이 모두 재흡수되는 것을 나타낸 것이고, 그림 B는 보먼주머니로 여과된 물질의 일부만 재흡수되고, 나머지는 오줌으로 배설되는 것을 나타낸 것이다.
ㄱ. 포도당은 (가)의 자료에 따라 여과는 되지만 모두 재흡수되므로 그림 A와 같은 형태의 물질 이동을 한다.
ㄴ. (가)의 자료에 따라 크레아틴은 여과량보다 배설량이 더 많다. 이것은 모세혈관에서 세뇨관으로 분비량이 있다는 것이고, 따라서 그림 A, B와는 다른 형태의 물질 이동을 나타낸다.
ㄷ. 요소는 여과량의 절반만이 배설되므로, 절반은 재흡수가 일어난다는 것이고, 일부가 모세혈관에 남아 있게 된다. 따라서 그림 B 형태의 물질 이동을 하게 된다.
ㄹ. (가)의 자료에 따라 여과량이 가장 많은 포도당은 배설되지 않았으며, 크레아틴과 요소는 여과량이 포도당보다 작지만, 배설량은 포도당보다 더 크다.

채점 기준

채점 기준	배점(점)
답이 맞은 경우	5

31 답 (1) (나), 정자의 머리 끝에 있는 첨체에서 난자의 투명대를 녹이는 효소가 분비된다.

(2) 수정된 직후에 다른 정자의 수정을 막기 위해 난자의 투명대의 성질이 변한다. 투명대의 성질이 변하지 않고 여러 마리의 정자가 수정이 되면 염색체 수의 이상으로 발생이 중지된다.

채점 기준

채점 기준	배점(점)
(1)의 답이 맞고 타당하게 고친 경우	2
(2)의 설명이 타당한 경우	3
총 배점 (1)+(2)	5

32 답

해설 수정 전 비분리가 일어났으므로 정자의 유전자형은 XY이고, 난자의 유전자형은 정상이므로 X 이다. e 는 X 염색체 위에 존재하고 e 의 DNA 상대량이 아버지 : 아들 = 1 : 2 이므로 아버지의 유전자형에는 X^e 가, 철수의 유전자형에는 $X^e X^e$ 가 포함된다. 아버지와 철수는 색맹이며 철수에게는 클라인펠터 증후군이 나타난다.

채점 기준

채점 기준	배점(점)
답이 유전자형을 포함해 정확한 경우	5

모의고사 5 회 (p78~96)

01
답 옳은 것 : ㄴ, 옳지 않은 것 : ㄱ, ㄷ

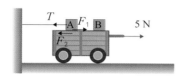

이유 : ㄱ. 수레는 오른쪽으로 5N의 힘을 받고 A로부터 왼쪽으로 5N(F_2)의 마찰력을 받아 힘의 평형 상태가 유지 되어 등속 운동한다. 등속운동하므로 물체 B와 수레 사이에는 수평 방향의 힘(마찰력 등)이 작용하지 않는다.

ㄴ. 물체 A가 수레에 왼쪽으로 5N(F_2)의 마찰력을 작용하므로 그 반작용으로 수레는 물체에 오른쪽 방향으로 5N(F_1)의 마찰력을 작용한다. 물체 A는 운동하지 않고 왼쪽 방향의 장력 5N(T)과 오른쪽 방향의 힘 F_1 을 받아서 평형 상태이다.

ㄷ. 힘의 평형이 유지되므로 물체 B에 관계없이 수레는 계속 등속 운동한다.

채점 기준

채점 기준	배점(점)
답이 맞고 각각의 이유가 타당한 경우	5
답이 맞지만 이유가 타당하지 않은 경우	타당하지 않은 항목 당 1점 감점
총 배점	5

02
답 1 초

해설 공의 처음 위치에서 빗면과 처음 충돌한 지점까지의 수직 거리를 y, 이동한 수평 거리를 d, 던진 속도(처음 속도) $v_0 = 2\sqrt{3}$ m/s, 공이 빗면과 처음 충돌할 때까지 걸린 시간을 t 라고 하자.

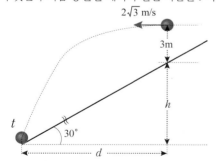

$d = v_0 t = 2\sqrt{3}\, t$

$3 + h = \dfrac{1}{2} g t^2$

$\rightarrow 3 + d\tan30° = 3 + 2\sqrt{3}\, t \cdot \tan30° = 3 + 2t = \dfrac{1}{2} g t^2$

$\dfrac{1}{2} g t^2 = 3 + 2t \rightarrow 5t^2 - 2t - 3 = 0 (g=10)$

근의 공식을 이용하면 $t = 1$ 초 이다.

채점 기준

채점 기준	배점(점)
답이 맞는 경우	5

03
답 $\dfrac{\sqrt{6}}{3}x$

해설 마찰이 없는 수평면 위에서 운동하므로 물체 B를 압축한 손을 놓게 되면 두 물체가 평형점 O에 함께 도달하게 되고, 이때 물체 A에 작용하는 힘의 방향과 운동 방향은 반대가 되어 물체 A는 속력이 점점 느려지고, 물체 B는 O점에 도달했던 속도로 오른쪽 방향으로 등속도 운동하게 된다. 즉, 두 물체는 평형점 O에서 분리되는 것이다.

평형점 O를 기준으로 오른쪽 방향을 (+)라고 하면, 변위가 $-x$ 지점에서 용수철의 탄성 퍼텐셜 에너지 $E = \dfrac{1}{2}kx^2$ 이고, 두 물체가 평형점 O에 도달하게 되면 탄성 퍼텐셜 에너지는 모두 물체 A와 B의 운동 에너지로 전환된다.

$$E = \dfrac{1}{2}kx^2 = \dfrac{1}{2}(2m)v^2 + \dfrac{1}{2}mv^2 = \dfrac{3}{2}mv^2$$
$$\therefore v = \sqrt{\dfrac{k}{3m}}\,x$$

이후 물체 A의 진폭을 A 라고 하면, 물체 A의 역학적 에너지는 다음과 같다.

$$\dfrac{1}{2}kA^2 = \dfrac{1}{2}(2m)(\sqrt{\dfrac{k}{3m}}x)^2 \rightarrow A^2 = \dfrac{2}{3}x^2 \therefore A = \dfrac{\sqrt{6}}{3}x$$

채점 기준

채점 기준	배점(점)
답이 맞은 경우	5

04
답 $-\dfrac{2}{3}E$

해설

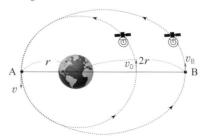

지구의 질량을 M, 인공위성의 질량을 m 이라고 하면, 연료를 분사하기 전 등속 원운동할 때 인공위성에 작용하는 만유인력은 구심력과 같다. $F = \dfrac{mv_0^2}{r} = \dfrac{GMm}{r^2} \rightarrow v_0^2 = \dfrac{GM}{r} \cdots \text{㉠}$

타원궤도에서 A점의 속력은 v 이고, B점에서 인공위성의 속력을 v_B라고 하면, 면적 속도 일정의 법칙에 의해,

$$rv = 2rv_B \rightarrow \dfrac{1}{2}v = v_B \cdots \text{㉡}$$

타원궤도에서 인공위성의 역학적 에너지는 보존되므로,

$$\frac{1}{2}mv^2 - \frac{GMm}{r} = \frac{1}{2}mv_B^2 - \frac{GMm}{2r} \cdots \text{©}$$

©에 ⊙과 ⓒ을 대입하여 정리하면, $v = \frac{2}{\sqrt{3}}v_0$, $v_B = \frac{1}{\sqrt{3}}v_0$ 이다.

등속 원운동할 때의 역학적 에너지($-E$)는

$$\frac{1}{2}mv_0^2 - \frac{GMm}{r} = -\frac{GMm}{2r} = -E$$ 이고,

⊙을 대입하면, $\frac{1}{2}mv_0^2 = E$ 이다.

이때 타원 궤도 운동할 때의 역학적 에너지 E' 은 ©의 왼쪽 식으로부터 다음과 같이 계산할 수 있다.

$$E' = \frac{1}{2}m\left(\frac{4}{3}\right)v_0^2 - \frac{GMm}{r} = \frac{4}{3}E - 2E = -\frac{2}{3}E$$

05 답 $\frac{3}{4}r$

해설 전류가 A로 흘러들어가 C로 나올 경우 B-F, D-H는 전위가 같으므로 전류가 흐르지 않는다. 대칭이므로 $I_1 = I_2$ 이고, A-B 와 B-C 를 흐르는 전류는 같다.
그림과 같이 전류 I_1, I_2, I_3 을 정한다.

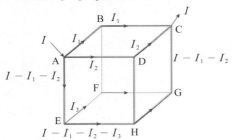

A점을 기준으로 할 때 전위는 보존되므로
폐회로 ABFEA : $-I_1 r + I_3 r + (I - I_1 - I_2)r = 0 \cdots$ ⊙
폐회로 ADHEA : $-I_2 r + (I - I_1 - I_2 - I_3)r + (I - I_1 - I_2)r = 0 \cdots$ ©
$I_1 = I_2$ 이므로, ⊙과 ©은 각각 다음과 같다.
$$\text{⊙ } I = 3I_1 - I_3, \quad \text{© } 2I = 5I_1 + I_3,$$
두 식을 더해 I_3 을 소거하면 $I_1 = \frac{3}{8}I$ 이다.

A → B → C 경로에서 AB, BC 사이의 전위차를 각각 V_{AB}, V_{BC} 라고 하면, 외부 전압 $V = V_{AB} + V_{BC}$ 이므로, 합성 저항이 R 일 때 다음과 같은 식이 성립한다.

$$V = IR = V_{AB} + V_{BC} = 2rI_1 = \frac{3}{4}I, \quad \therefore R = \frac{3}{4}r$$

06 답 $\frac{2}{\sqrt{3}}$

해설

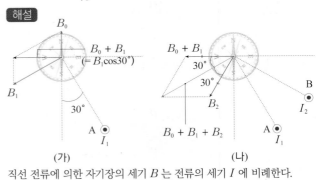

(가)   (나)

직선 전류에 의한 자기장의 세기 B 는 전류의 세기 I 에 비례한다.
그림 (가) 와 같이 지구 자기장을 B_0, 도선 A 에 흐르는 전류에 의한 자기장을 B_1 이라고 하면, $B_0 + B_1 = B_1\cos30°$ (서쪽) 이고,
도선 B 에 흐르는 전류에 의한 자기장을 B_2 라고 하면, I_2 가 흐를 때 그림 (가) 에서 전체 자기장($B_0 + B_1 + B_2$)이 반시계 방향으로 30° 만큼 더 회전하므로, 그림 (나)와 같이 크기가 $B_0 + B_1 = B_2$ 이다. 따라서 $B_2 = B_1\cos30°$ 이므로,
$$\frac{I_1}{I_2} = \frac{B_1}{B_2} = \frac{B_1}{B_1\cos30°} = \frac{2}{\sqrt{3}}$$ 이다.

07 답 ㄱ, ㄴ

해설 입사 경로와 구의 축 사이의 거리가 h 일 때, 구형의 매질에 입사하는 각도를 θ 라고 하면, 빛의 경로는 다음과 같다.

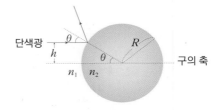

ㄱ. 임계각을 i_c 라고 하면, 입사광이 전반사하였으므로 $\theta > i_c$ → $\sin\theta > \sin i_c$ 가 된다.
$\sin\theta = \frac{h}{R}$, $\sin i_c = \frac{h_c}{R}$ 이므로, $\frac{h}{R} > \frac{h_c}{R}$ → $h > h_c$ 이다.

ㄴ, ㄷ. 굴절 법칙에 의해 $\sin i_c = \frac{n_2}{n_1}$ 이므로,
$$\frac{h_c}{R} = \frac{n_2}{n_1} \rightarrow h_c = \frac{n_2}{n_1}R$$
따라서 n_2 가 커질수록, R 이 커질수록 h_c 가 커진다.

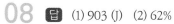

08 답 (1) 903 (J) (2) 62%

해설 (1) (B → C 과정) 단열 과정이므로 열의 출입이 없다. 단원자분자 이상기체이므로 기체의 비열비 $\gamma = \dfrac{5}{3}$ 이고,

$$P_B V_B{}^{\gamma} = P_C V_C{}^{\gamma}$$

$$\rightarrow P_C = \left(\frac{V_B}{V_C}\right)^{\gamma} P_B = \left(\frac{1}{8}\right)^{5/3} \cdot (10 \times 10^5) = 3.125 \times 10^4 \,(\text{N/m}^2)$$

$$\therefore P_C = P_A = 3.125 \times 10^4 \,(\text{N/m}^2)$$

(A → B 과정) 등적 과정으로 압력이 증가하고 부피 변화가 없으므로 기체가 하는 일(W) = 0 이다. 기체가 받은 열(Q)만큼 내부에너지(U)가 증가하여 기체의 온도가 올라간다.

$$Q_{AB} = \Delta U + W = \frac{3}{2}nR\Delta T, \quad (PV = nRT \rightarrow nR\Delta T = \Delta P \cdot V)$$

$$\therefore Q_{AB} = \frac{3}{2}\Delta P \cdot V = \frac{3}{2}(P_B - P_A) \cdot V_A$$

$$= \frac{3}{2}[(10 \times 10^5) - (3.125 \times 10^4)](1 \times 10^{-3})$$

$$= 1.45 \times 10^3 \,(\text{J})$$

(C → A 과정) 등압 압축 과정이므로 $\Delta U = \dfrac{3}{2}nR\Delta T = \dfrac{3}{2}P\Delta V$, $W = P\Delta V$ 이다. 따라서 기체가 잃은 열량은 다음과 같다.

$$Q_{CA} = \Delta U + W = \frac{5}{2}(V_A - V_C) \cdot P_C$$

$$= \frac{5}{2}[(1 \times 10^{-3}) - (8 \times 10^{-3})](3.125 \times 10^4)$$

$$= -5.47 \times 10^2 \,(\text{J})$$

한 순환 과정동안 내부 에너지 변화는 0이므로($\Delta U = 0$),

$$\therefore W = Q = (1.45 \times 10^3) + (-5.47 \times 10^2) = 903(\text{J})$$

(2) 열기관의 열효율은 흡수된 열량(Q_{AB})에 대한 전체 한 일(W)의 비이다.

$$e = \frac{W}{Q_{흡수}} = \frac{9.03 \times 10^2}{1.45 \times 10^3} ≒ 0.62 \rightarrow 62(\%)$$

채점 기준

채점 기준	배점(점)
(1)이 맞은 경우	3
(2)가 맞은 경우	2
총 배점 (1)+(2)	5

09 답 약 34.24 kg

해설 공급받은 액체 메테인의 질량은
$30000\text{cm}^3 \times 0.415\text{g/cm}^3 = 12450$ g 이다.
메테인 연소 반응의 화학반응식은
$CH_4 + 2O_2 = CO_2 + 2H_2O$ 이고, 이때 온실 기체는 CO_2이다.
메테인과 이산화 탄소의 몰 비가 1 : 1 로 반응하므로 발생하는 이산화 탄소의 질량을 x 라고 할 때
12450 : 16(메테인의 분자량) = x : 44(이산화 탄소의 분자량)
$x = 34237.5$g = 약 34.24 kg 이다.

채점 기준

채점 기준	배점(점)
답이 맞은 경우	5

10 답 (1) 1몰 (2) 49.2 L

해설 (1) $PV = nRT$ 이고, 수조 안에서 온도가 일정하게 유지된다.

(혼합 전) 플라스크 A : $1 \times V_A = 2 \times RT \rightarrow RT = \dfrac{1}{2} V_A$

플라스크 B : $3 \times 8.2 = n_B \times RT \rightarrow RT = \dfrac{3 \times 8.2}{n_B}$

$\therefore V_A = \dfrac{49.2}{n_B}$ 이다.

(혼합 후) $\dfrac{9}{7}(V_A + 8.2) = (2 + n_B)RT$

$RT = \dfrac{1}{2} V_A$, $V_A = \dfrac{49.2}{n_B}$ 이므로 각각 대입하면 $n_B = 1$ (몰)이다.

(2) $V_A = \dfrac{49.2}{n_B}$ 이고, $n_B = 1$ 이므로 $V_A = 49.2$ L 이다.

채점 기준

채점 기준	배점(점)
(1)이 맞은 경우	3
(2)가 맞은 경우	2
(1), (2)의 답이 모두 맞은 경우	5

11 답 (1) 6.72 L (2) 32

(1) 수소 기체를 채운 플라스크의 질량이 30.6g이므로 수소 기체의 질량은 30.6g - 30g = 0.6g이다. 수소 기체(H_2)의 분자량은 2 이므로 수소 기체 0.6g은 0.6g ÷ 2g/몰 = 0.3몰이다. 0℃, 1기압에서 모든 기체 1몰의 부피는 22.4L이므로 이 플라스크의 부피는 0.3몰 × 22.4L/몰 = 6.72 L이다.

(2) 플라스크의 부피는 6.72 L이고, 0 ℃, 1기압에서 이 플라스크 속에는 기체 0.3몰이 들어갈 수 있다. X_2의 질량이 39.6g - 30g = 9.6 g이므로 X_2의 그램분자량은 9.6g ÷ 0.3몰 = 32g/몰이다. 따라서 X_2의 분자량은 32이다.

채점 기준

채점 기준	배점(점)
(1)의 답이 맞은 경우	2
(2)의 답이 맞은 경우	3
총 배점 (1)+(2)	5

12 답 (1) 양가죽의 땀구멍으로 조금씩 새는 물이 증발하는데, 물의 기화열이 커서 가죽 주머니 안의 열을 빼앗아가기 때문이다.

(2) 마당에 물을 뿌린다. 땀이 증발하여 체온이 일정하게 유지된다.

(3) 고온 다습한 공기를 물 에어컨의 습기 제거 장치를 지나게 한다. 습기 제거 장치를 지난 공기는 건조해지며 이 공기를 물이 젖어 있는 금속망을 통과시켜 실내로 보낸다. 금속망의 물이 증발하면서 공기 중의 열을 빼앗아가 실내의 온도는 낮아진다. 습기 제거 장치가 빨아들인 물기를 말리는 데에는 80 ℃ 정도의 열이 필요하므로 공장에서 버리는 폐열을 이용하면 된다.

채점 기준

채점 기준	배점(점)
(1) 설명이 타당한 경우	1
(2) 타당한 예를 2가지 이상 든 경우	1
(3) 타당하게 설계하여 서술한 경우	3
총배점 (1)+(2)+(3)	5

13 답 〈예시 답안〉무극성 기체인 이산화 탄소 기체를 물에 녹이기 위해서는 저온, 고압이 필요하기 때문에 어려움이 있으므로 중화 반응을 통해 분수를 만들어야 한다.
다음과 같은 방법으로 만들 수 있다.

1. 이산화 탄소 기체를 플라스크에 모으고 수산화 나트륨($NaOH$) 수용액을 플라스크에 재빨리 넣고 마개로 막아준다.
2. 반응이 잘 일어나도록 플라스크를 흔들어 준다.
3. BTB 용액을 떨어뜨린 물이 담긴 수조와 플라스크를 유리관으로 연결한다.
4. 압력 차로 인해 플라스크속 유리관에 분수가 형성된다.

해설 무극성 기체인 이산화 탄소 기체를 물에 녹이기 위해서는 온도를 많이 낮추거나 압력을 매우 크게 높여야 한다. 때문에 이산화 탄소 기체는 수산화 나트륨($NaOH$) 수용액과 중화 반응시켜 분수를 만들 수 있다. 이산화 탄소 기체와 수산화 나트륨($NaOH$) 수용액 반응의 반응식은 다음과 같다.

$$2NaOH(aq) + CO_2(g) \rightarrow Na_2CO_3(aq) + H_2O(l)$$

위 중화 반응이 진행되면 플라스크 안에 기체가 줄어들어 압력이 감소하고, 압력 차이로 인해 비커에 담긴 물이 올라가면서 분수가 형성된다.

채점 기준

채점 기준	배점(점)
타당한 방법을 제시해 서술한 경우	5

14 답 SiO_2는 원자 결정으로 원자 사이의 공유 결합을 끊어야 녹일 수 있다. 공유 결합력의 세기는 일반적으로 결합 길이가 짧을수록 커지는데, 석영과 같이 구성 원자들이 일정한 간격으로 배열되어 있는 경우 원자 사이의 공유 결합을 끊기 위해 필요한 에너지가 일정하기 때문에 녹는점이 일정하게 나타나지만, 유리와 같이 구성 원자 사이의 간격이 일정하지 않고 불규칙적인 경우 원자 사이의 공유 결합력의 크기가 일정하지 않아 열에너지를 가했을 때 원자 사이의 공유 결합 길이가 길어 결합력이 약한 부분부터 부분적으로 끊어져 융해되기 시작하므로 녹는점이 일정하지 않다.

채점 기준

채점 기준	배점(점)
결합력을 비교하여 서술한 경우	5

15 답 (1) (—) 극(환원) : $2H_2O(l) + 2e^- \rightarrow H_2(g) + 2OH^-(aq)$
(+) 극(산화) : $2Cl^-(aq) \rightarrow Cl_2(g) + 2e^-$

(2) 전기 분해 과정에서 전극은 반응에 참여하지 않으며 전류가 흐를 수 있는 물질이어야 한다. 대표적인 물질이 탄소, 백금이며, 연필심은 탄소로 이루어져 있어 전극으로 사용 가능하다.

(3) BTB 용액은 산성에서 노란색을 띤다. (+) 극에서 생성된 염소 기체는 물에 녹아서 다음과 같은 반응이 진행된다.
$Cl_2 + H_2O \rightarrow HCl + HClO$
HCl 가 생성되기 때문에 수용액은 산성이 된다.

채점 기준

채점 기준	배점(점)
(1)의 화학식(물질의 상태 제외)이 정확한 경우	2
(2)가 타당하게 설명된 경우	1
(3)을 타당하게 설명한 경우(화학식이 안들어 갈 수 있음)	2
총 배점 (1)+(2)+(3)	5

16 답 (1) ㄱ
ㄴ. HNO_3은 아레니우스 산이다.
ㄷ. 산성비는 BTB 용액을 노란색으로 변화시킨다.
(2) $3NO_2 + H_2O \rightarrow 2HNO_3 + NO$

해설 (1) ㄱ. (가)에서 NO가 산소를 얻어 NO_2로 산화되므로 N의 산화수는 증가한다.
ㄴ. HNO_3은 수용액에서 H^+과 NO_3^-으로 이온화하므로 산을 H^+를 내놓은 물질로 정의한 아레니우스 산이다.
ㄷ. 산성을 띠는 산성비는 BTB 용액을 노란색으로 변화시킨다. BTB 용액은 산성에서 노란색, 중성에서 초록색, 염기성에서 푸른색을 띤다.
(2) 1단계 : 반응에 관여하는 원자의 산화수를 구한 후, 변화한 산화수를 조사한다.

$$NO_2 + H_2O \rightarrow HNO_3 + NO$$

질소의 산화수는 NO_2에서 +4이고, HNO_3에서 +5이고, NO에서 +2이다.

2단계 : 증가한 산화수와 감소한 산화수가 같도록 반응식의 계수를 맞춘다.

$$3NO_2 + H_2O \rightarrow 2HNO_3 + NO$$

3단계 : 양변의 산소와 수소 원자 수를 맞춘다.

$$3NO_2 + H_2O \rightarrow 2HNO_3 + NO$$

채점 기준

채점 기준	배점(점)
(1)의 답이 맞고 타당하게 설명한 경우	2
(2)의 화학식이 맞은 경우	3
총 배점 (1)+(2)	5

17 답 필요한 자료 : 바닷물의 총 부피

방법 : 1년 간 바다에 내리는 총 강수량과 바닷물의 총 부피를 통해 바다에서 물이 체류하는 시간을 구할 수 있다.

$$체류\ 시간 = \frac{바닷물의\ 총\ 부피}{바다에\ 내리는\ 총\ 강수량}$$

따라서 바닷물의 총 부피를 알면 주어진 자료를 이용하여 체류 시간을 구할 수 있다.

해설 바닷물의 총 부피는 $1.37 \times 10^9\ km^3$ 이다. 따라서 물이 바다에서 체류하는 시간은 다음과 같다.

$$체류\ 시간 = \frac{바닷물의\ 총\ 부피}{바다에\ 내리는\ 총\ 강수량} = \frac{1.37 \times 10^9 km^3}{284,000 km^3/년}$$
$$= \frac{1.37 \times 10^9 km^3}{2.84 \times 10^5 km^3/년} \approx 4,800년$$

채점 기준

채점 기준	배점(점)
자료와 방법이 맞은 경우	5

18 답 60.25 km

해설 해발 고도가 4km에서 보상면의 P점에서의 압력 = ρ(밀도)g(중력가속도)h = $2.7gh$이다.

Q점 위의 맨틀의 두께는 (h - 23)이므로 보상면의 Q점에서의 압력 = $(1.05\ g \times 7) + (2.7\ g \times 12) + \{3.3\ g \times (h-23)\}$이다. P점에서의 압력과 Q점에서의 압력은 같으므로

$2.7\ g \times h = (1.05\ g \times 7) + (2.7\ g \times 12) + \{3.3\ g \times (h-23)\}$

$\therefore h = 60.25$ km 이다.

채점 기준

채점 기준	배점(점)
답이 맞은 경우	5

19 답 (1) 진도 : A > B > C, 규모 : A = B = C
(2) 25초 (3) ㄴ

해설 (1)

	규모	진도
정의	지진이 발생할 때 나오는 실제 에너지를 나타낸 것	지진이 발생할 때 사람의 느낌이나 주변 물체의 흔들림 정도를 나타낸 것
표기	아라비아 숫자	로마자
진원과의 관계	지진 발생 지점과 상관없이 일정	지진 발생 지점으로부터 멀수록 작아짐

(2) $d = \dfrac{V_S \times V_P}{V_P - V_S} \times PS시,$ $200km = 8 \times PS시,$

$\therefore PS시 = 25초$

(3) ㄱ. 6시 30분 30초는 A관측소에서 처음으로 P파가 관측된 시간이다.

ㄴ. 세 관측소와 지진기록을 짝지으면 진앙으로부터 거리가 가장 가까운 A가 가장 먼저 지진이 기록되기 때문에, 각각 A-㉠, B-㉡, C-㉢ 이다.

ㄷ. 지진에 의한 건물의 흔들림이 가장 크게 나타나는 지역은 ㉠이다.

채점 기준

채점 기준	배점(점)
(1)의 답이 맞은 경우	2
(2)의 답이 맞은 경우	1
(3)의 답이 맞은 경우	2
총 배점 (1)+(2)+(3)	5

20 답 (1) 총염분(각 염류를 더한 값)이 다른 각각의 해역에서 해수의 염분비(전체 염류에 대한 각 화학 성분의 질량비)를 아래와 같이 구해 보면, 각 해역에서 각 화학 성분의 염분비는 거의 같게 나타난다. 즉, 염분비 일정의 법칙이 성립한다.

화학 성분	A	B	C
Na^+	0.306	0.307	0.307
Mg^{2+}	0.0399	0.4	0.04
Ca^{2+}	0.0133	0.133	0.0133
Cl^-	0.553	0.553	0.553
SO_4^{2-}	0.0798	0.08	0.08
기타	7.99×10^{-3}	6.67×10^{-3}	6.67×10^{-3}
총 염분	37.6 ‰	30 ‰	15 ‰

(2) 강수와 증발량, 강물의 유입량 등의 영향을 받기 때문이다.

해설 각 해수는 염분이 다르더라도 염류를 이루는 성분의 질량비는 일정하게 유지된다.

채점 기준

채점 기준	배점(점)
(1)의 설명이 타당한 경우	3
(2)의 설명이 타당한 경우	2
총 배점 (1)+(2)	5

21 답 (1) 편서풍의 영향으로 서쪽에서 동쪽으로 이동하였다.
(2) 풍향 : 남동풍 → 남서풍 → 북서풍 (시계 방향)
일기 : 햇무리 → 지속적인 비 → 맑음 → 소나기
기압 : 온난 전선이 통과한 후에는 기압이 하강하고, 한랭 전선이 통과한 후에는 기압이 상승한다.
기온 : 온난 전선이 통과한 후에는 기온이 상승하고, 한랭 전선이 통과한 후에는 기온이 하강한다.

해설 (1) 우리나라는 편서풍의 영향을 받아 서쪽에서 동쪽으로 대기가 이동하므로 온대 저기압의 중심이 서쪽에서 동쪽(북동쪽)으로 이동한 것을 관찰할 수 있다.
(2) 온대 저기압이 통과할 때 온난 전선과 한랭 전선이 차례대로 통과하며, 전선이 이동함에 따라 날씨가 변화한다. 5월 1일에 서울은 온난 전선 앞쪽에 위치하므로 남동풍이 불고 기온이 낮으며, 층운형 구름이 발달해 흐리거나 지속적으로 약한 이슬비가 내린다. 온난 전선이 통과한 후 온난 전선과 한랭 전선 사이에서는 바람이 남서풍으로 바뀌고 따뜻한 기층의 영향으로 구름이 걷히면서 맑은 날씨를 보이며, 기온은 상승하고 기압은 낮아진다. 5월 2일에는 한랭 전선이 통과한 후이므로 북서풍이 불고 적란운이 발달해 소나기성 비가 내리며 우박이나 천둥 번개를 동반하기도 한다. 또한 기온은 낮아지고 기압은 높아진다.

채점 기준

채점 기준	배점(점)
(1)의 설명이 타당한 경우	1
(2)의 설명이 타당한 경우	4
총 배점 (1)+(2)	5

22 답 ㄴ, ㄷ

해설 ㄱ, ㄴ. 그래프에서 온도가 증가하고 있으므로 고위도 → 저위도로 이동하였음을 알 수 있고 수증기압이 증가하고 있으므로 대륙 → 해양으로 이동하였음을 알 수 있다.
ㄷ, ㄹ. E 지점에서 온도와 수증기압이 급격하게 변하였기 때문에 대륙과 해양의 경계임을 알 수 있으며 기단의 아래 부분이 가열되었으므로 상승력이 증가하여 불안정한 기단으로 변질되었다.

채점 기준

채점 기준	배점(점)
답이 맞은 경우	5

23 답 (1) 월하정인. 관측할 수 없는 달 모양이기 때문이다.
(2) 부분 월식이 일어났다면 가능하다.

해설 (1) 그림 월하정인에 나오는 달은 위쪽 일부가 빛나는 모양인데 이것은 오른쪽에서부터 차올라서 왼쪽으로 지는 달의 위상 변화에 모순되는 모양이다. 따라서 월하정인의 달이 과학적으로 오류가 있는 그림이다.
(2) 평소 달의 위상 변화에서는 있을 수 없는 모양이므로 이것

이 실제로 나타나려면 달이 지구의 그림자에 가려지는 월식일 때여야 한다. 전부가 가려진 것이 아닌 일부만 가려졌으므로 이 시기에 부분 월식이 일어났던 것이라 할 수 있다.

채점 기준

채점 기준	배점(점)
(1)의 설명이 타당한 경우	2
(2)의 설명이 타당한 경우	3
총 배점 (1)+(2)	5

24 답 (1) 가까이
(2) 가까이 있는 별들은 지구의 공전 현상으로 인해 연주 시차가 발생한다. 멀리 떨어진 별들은 연주 시차가 거의 발생하지 않는다.
(3) 같은 배경에 대해 별 A가 움직이는 거리가 멀고 별 B는 상대적으로 조금밖에 움직이지 않았으므로 별 B가 지구에서 더 멀리 떨어진 별이다.

채점 기준

채점 기준	배점(점)
(1)의 답이 맞은 경우	1
(2)가 타당하게 설명된 경우	2
(3)설명이 맞은 경우	2
총 배점 (1)+(2)+(3)	5

25 답 (1) ㉠ : 씨방 안에 있다. ㉡ : 겉으로 드러나 있다.
(2) A2 : 선태식물, B1 : 종자식물, B2 : 양치식물, C1 : 속씨식물, C2 : 겉씨식물, D1 : 쌍떡잎식물, D2 : 외떡잎식물

해설 (2) 검색표란 유연 관계나 계통을 알아볼 수 있게 그린 계통수와 달리 단순히 2개의 대응되는 성질을 차례로 늘어놓아 해당되는 것을 따라가다 보면 최종적으로 찾는 생물군의 이름에 쉽게 도달할 수 있도록 만든 것이다. 주어진 검색표에 빠진 부분은 (C1과 C2) 씨방의 유무에 따라 분류한 것으로 C1은 밑씨가 씨방 안에 있는 속씨식물이며, C2는 씨방이 없어 밑씨가 드러난 겉씨식물이다. 나머지 A1과 A2는 기관의 분화 및 관다발의 유무에 따라 분류하여 A2는 선태식물에 해당된다. B1과 B2는 꽃의 유무, 즉 번식 방법에 따라 분류한 것으로 B1은 종자식물, B2는 포자식물이 해당된다. 마지막으로 D1과 D2는 떡잎의 수에 따라 분류한 것으로 D1은 쌍떡잎식물, D2는 외떡잎식물이 해당된다.

채점 기준

채점 기준	배점(점)
(1)이 모두 맞은 경우	2
(2)가 모두 맞은 경우	3
총 배점 (1)+(2)	5

26 답

· 비열이 낮아져 주변 온도에 따라 체온이 쉽게 변할 것이다.

· 기화열이 낮아져 땀을 흘려도 체온이 떨어지지 않고 계속 열이 날 것이다.

· 용해도가 낮아져 이온성 물질을 잘 녹이지 못해 물질의 흡수에 큰 어려움이 있을 것이다.

해설 물 분자의 구조가 직선형이라고 가정한다면, 극성과 수소 결합을 형성했을 때의 성질을 잃어버린다. 따라서 끓는점이 더 낮아질 것이고, 비열과 기화열도 작아질 것이다. 또한 극성의 성질을 잃어 용해도가 낮아져 우리 몸의 각종 무기 염류 등을 잘 녹이지 못해 흡수와 이동이 원활하게 일어나지 못할 것이다.

채점 기준

채점 기준	배점(점)
3가지 이상 서술한 경우	5

27 답 사람의 상피 세포는 분열하여 상피 세포가 만들어지지만, 식물의 분열 조직에서 일어나는 분열은 분화하여 모든 세포가 될 수 있다.

해설 사람의 분열 세포는 형성하게 될 세포의 유형이 정해져 있다. 따라서 사람의 상피 세포는 분열하여 상피 세포가 된다. 반면에 식물의 분열 조직에서 만들어진 세포들은 분화하여 모든 종류의 세포가 될 수 있다. 영구 조직이 분열 조직에서 만들어진 세포들이 분화한 조직인 것처럼 모든 세포가 분열 조직으로부터 만들어진다.

채점 기준

채점 기준	배점(점)
서술이 타당한 경우	5

28 답 (1) 시각에 의한 반응 : 0.18 초

청각에 의한 반응 : 0.2 초

→ 시각에 의한 반응이 청각에 의한 반응보다 더 빠르다.

(2) 청각을 통해 대뇌로 전달되어 반응기로 보내지는 경로가 시각을 통해 자극이 전달되어 반응되기까지 경로에 비해 길기 때문이다. 여러 개의 뉴런이 자극 전달 과정에 참여할수록 자극의 전달 속도는 더욱 느려지게 된다.

해설 $h = \frac{1}{2}gt^2$ 식을 이용하면 5회 평균 낙하 거리가 실험 1에서는 0.162 m, 실험 2에서는 0.2 m, 실험 3에서는 0.45m이므로 각각 공식에 대입하여 낙하 시간 t 를 구하면 각각이 반응 시간이 된다. 실험 1에서는 0.18초, 실험 2에서는 0.2초, 실험 3에서는 0.3초가 된다.

채점 기준

채점 기준	배점(점)
(1)이 맞고 설명이 타당한 경우	3
(2)의 설명이 타당한 경우	2
총 배점 (1)+(2)	5

29 답 고도가 높은 고랭지의 경우 하루 동안의 일교차가 크다. 낮에는 평지와의 기온 차이가 거의 없으나, 밤에는 평지에 비해 기온이 낮으므로 호흡량이 상대적으로 적다. 총광합성량과 호흡량의 차는 순광합성량으로 나타나며, 고랭지가 평지에 비해 순광합성량이 크기 때문에 작물의 생산량이 많다.

해설 고랭지 농업은 남부의 따뜻한 지방에서는 해발 고도가 비교적 높은 곳에서, 북부 지방에서는 낮은 곳에서 이루어지는 것이 일반적이다. 고랭지의 겨울은 온도가 낮고 눈이 쌓여 있는 기간이 길다. 여름철에는 평균 기온이 20 ℃ 내외로 비교적 선선하고 강우량도 많으며 일조 시간이 길다. 기온이 낮고 수분 증발량이 적어 강수량이 적은 봄철에도 오랜 기간 토양의 수분이 마르지 않는다. 또한 여름철에는 낮의 기온은 평지와 비슷하지만 밤의 기온이 낮아 밤과 낮의 기온 차가 평지에 비하여 비교적 크다. 이러한 기후 관계로 병충해도 적다. 반면에 겨울에는 적설이 많고 동결(凍結)하는 일이 많으므로 겨울 작물의 재배는 제한을 받게 되어 토지 이용률이 낮다. 강원도 대관령의 감자, 무, 배추 재배는 대표적인 고랭지 농업의 예이다.

채점 기준

채점 기준	배점(점)
설명이 타당한 경우	5

30 답 (1) O (2) X (3) O (4) X (5) X

해설 (1) 흉강의 부피가 변화하여 압력이 변하면 흉강 압력은 폐포 압력에 영향을 주어 부피 변화를 유도한다.

(2) 폐포 내의 압력이 대기압보다 낮아지면 외부의 공기가 폐속으로 들어오는 들숨이 일어난다.

(3) (가)에서 (나)로 될 때는 들숨 상태이므로 외늑간근은 수축, 내늑간근은 이완한다. 또한 갈비뼈는 상승하고 가로막은 수축하여 하강한다.

(4) 흉강의 압력 변화가 폐포의 압력 변화에 영향을 주기 때문에 (나)에서 (다)로 될 때 흉강의 내압 증가로 인해 폐포의 내압이 높아지게 된다.

(5) (다)에서 (가)로 될 때 흉강 내 압력은 변화하지 않으며, 폐포 내 압력과 외부 대기압이 같으므로 공기의 이동이 일어나지 않는다.

채점 기준

채점 기준	배점(점)
답이 모두 맞은 경우	5

31

답 (1) 완전히 핀 꽃은 생식 세포 분열이 이미 완료된 상태이기 때문에 피기 전 어린 꽃봉오리로 실험해야 한다.

(2) 세포 분열이 일어나는 것을 관찰할 수 없으며, 간기(G_0기)에 머물러 있다.

(3) 감수 1분열에서는 상동 염색체가 분리되어 염색체 수가 반감된다. 감수 2분열에서는 염색 분체가 분리되는 방식이므로 염색체 수에 변화가 없다.

해설 (1) 꽃이 핀 경우에는 생식 세포 분열이 끝나 꽃가루가 이미 형성된 상태이므로 생식 세포 분열 과정을 관찰하기 위해서는 어린 꽃봉오리 속의 꽃밥을 사용해야 한다.

(2) 손톱으로 어린 꽃봉오리를 눌러 노란 물이 나오면 감수 분열이 끝난 것으로 더 어린 꽃봉오리를 채취하여 실험하여야 한다.

(3) 감수 1분열은 상동 염색체끼리 접합하여 2가 염색체를 형성했다가 분리되므로 염색체 수는 2n → n으로 반감된다. 감수 2분열은 염색 분체의 분리로 염색체 수는 n → n으로 변화가 없다.

채점 기준

채점 기준	배점(점)
(1)의 설명이 타당한 경우	2
(2)의 서술이 타당한 경우	1
(3)의 서술이 타당한 경우	2
총 배점 (1)+(2)+(3)	5

32

답 ㄴ, ㄷ

해설

ㄱ. 확실하게 알 수 있는 보인자(여성 : XX')는 총 7명이다.

ㄴ. 혈우병 유전 인자는 X염색체 위에 있고, 여성에게는 혈우병이 표현되지 않는다.(X'X' : 치사). 남성은 보인자가 없고 정상(XY)과 혈우병이 나타난다(X'Y).

ㄷ. A의 혈우병 유전자는 빅토리아 여왕 → ㉠ → ㉡ 순서로 유전되었다.

채점 기준

채점 기준	배점(점)
답이 맞은 경우	5

모의고사 1회 답안지 및 채점표

※ 그림 및 긴 서술은 문제지에 하세요.

시험일 :　　　년　　월　　일 (　　)요일　　　(　　　　)학교　이름 : (　　　　　)

	정답 및 풀이	점수
01		
02		
03		
04		
05		
06		
07		
08		
09		
10		
11		
12		
13		
14		
15		
16		

절취선

성취도	정답 및 풀이				점수
17					
18					
19					
20					
21					
22					
23					
24					
25					
26					
27					
28					
29					
30					
31					
32					
총 점					

총점	39 이하 (E)	40~59 (D)	60-89 (C)	90-129 (B)	130-160 (A)
성취도	노력 요망	양호 (교내성적 우수권)	우수 (노력 후 합격권)	매우 우수 (합격 가시권)	최우수 (합격권)

모의고사 2회 답안지 및 채점표

※ 그림 및 긴 서술은 문제지에 하세요.

시험일 :　　　　년　　　월　　　일 (　　)요일　　　　(　　　　　　)학교　이름 : (　　　　　　　　　)

	정답 및 풀이	점수
01		
02		
03		
04		
05		
06		
07		
08		
09		
10		
11		
12		
13		
14		
15		
16		

성취도	정답 및 풀이			점수
17				
18				
19				
20				
21				
22				
23				
24				
25				
26				
27				
28				
29				
30				
31				
32				
총 점				

총점	39 이하 (E)	40~59 (D)	60-89 (C)	90-129 (B)	130-160 (A)
성취도	노력 요망	양호 (교내성적 우수답)	우수 (노력 후 합격권)	매우 우수 (합격 가시권)	최우수 (합격권)

모의고사 3회 답안지 및 채점표

※ 그림 및 긴 서술은 문제지에 하세요.

시험일 :   년   월   일 (   )요일   (   )학교 이름 : (   )

	정답 및 풀이	점수
01		
02		
03		
04		
05		
06		
07		
08		
09		
10		
11		
12		
13		
14		
15		
16		

	정답 및 풀이	점수
17		
18		
19		
20		
21		
22		
23		
24		
25		
26		
27		
28		
29		
30		
31		
32		
총 점		

총점	39 이하 (E)	40~59 (D)	60-89 (C)	90-129 (B)	130-160 (A)
성취도	노력 요망	양호 (교내성적 우수권)	우수 (노력 후 합격권)	매우 우수 (합격 가시권)	최우수 (합격권)

모의고사 4회 답안지 및 채점표

※ 그림 및 긴 서술은 문제지에 하세요.

시험일 :　　　년　　월　　일 (　　　)요일　　　　　(　　　　)학교　이름 : (　　　　　　　)

	정답 및 풀이	점수
01		
02		
03		
04		
05		
06		
07		
08		
09		
10		
11		
12		
13		
14		
15		
16		

	정답 및 풀이	점수
17		
18		
19		
20		
21		
22		
23		
24		
25		
26		
27		
28		
29		
30		
31		
32		
총 점		

총점	39 이하 (E)	40~59 (D)	60-89 (C)	90-129 (B)	130-160 (A)
성취도	노력 요망	양호 (교내성적 우수권)	우수 (노력 후 합격권)	매우 우수 (합격 가시권)	최우수 (합격권)

모의고사 5회 답안지 및 채점표

※ 그림 및 긴 서술은 문제지에 하세요.

시험일 :　　　년　　월　　일 (　　)요일　　　　(　　　　)학교　이름 : (　　　　　　)

	정답 및 풀이	점수
01		
02		
03		
04		
05		
06		
07		
08		
09		
10		
11		
12		
13		
14		
15		
16		

	정답 및 풀이	점수
17		
18		
19		
20		
21		
22		
23		
24		
25		
26		
27		
28		
29		
30		
31		
32		
총 점		

총점	39 이하 (E)	40~59 (D)	60~89 (C)	90~129 (B)	130~160 (A)
성취도	노력 요망	양호 (교내성적 우수권)	우수 (노력 후 합격권)	매우 우수 (합격 가시권)	최우수 (합격권)

세페이드 시리즈

창의력과학의 결정판, 단계별 과학 영재 대비서

1F	중등 기초	물리(상,하) 화학(상,하)	
		중학교 과학을 처음 접하는 사람 / 과학을 차근차근 배우고 싶은 사람 / 창의력을 키우고 싶은 사람	
2F	중등 완성	물리(상,하) 화학(상,하) 생명과학(상,하) 지구과학(상,하)	
		중학교 과학을 완성하고 싶은 사람 / 중등 수준 창의력을 숙달하고 싶은 사람	
3F	고등 I	물리(상,하) 물리 영재편(상, 하) 화학(상,하) 생명과학(상,하) 지구과학(상,하)	
		고등학교 과학 I을 완성하고 싶은 사람 / 고등 수준 창의력을 키우고 싶은 사람	
4F	고등 II	물리(상,하) 화학(상,하) 생명과학(영재학교편,심화편) 지구과학 (영재학교편,심화편)	
		고등학교 과학 II을 완성하고 싶은 사람 / 고등 수준 창의력을 숙달하고 싶은 사람	
5F	영재과학고 대비 파이널	물리 · 화학 생명 · 지구과학	
		고급 문제, 심화 문제, 융합 문제를 통한 각 시험과 대회를 대비하고자 하는 사람	

세페이드 모의고사	세페이드 고등 통합과학	세페이드 고등학교 물리학 I (상,하)
내신 + 심화 + 기출, 시험대비 최종점검 / 창의적 문제 해결력 강화	고1 내신 기본서	고등학교 물리 I (2권) 내신 + 심화

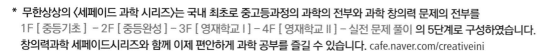

* 무한상상의 〈세페이드 과학 시리즈〉는 국내 최초로 중고등과정의 과학의 전부와 과학 창의력 문제의 전부를
1F [중등기초] – 2F [중등완성] – 3F [영재학교 I] – 4F [영재학교 II] – 실전 문제 풀이 의 5단계로 구성하였습니다.
창의력과학 세페이드시리즈와 함께 이제 편안하게 과학 공부를 즐길 수 있습니다. cafe.naver.com/creativeini

무한상상

무한 상상하는 법

1. 고개를 숙인다.
2. 고개를 든다.
3. 뛰어간다.
4. 무한상상한다.

무한상상 교재 활용법

무한상상은 상상이 현실이 되는 차별화된 창의교육을 만들어갑니다.

	아이앤아이 시리즈					
	특목고, 영재교육원 대비서					
	아이앤아이 영재들의 수학여행	아이앤아이 꾸러미	아이앤아이 꾸러미 120제	아이앤아이 꾸러미 48제	아이앤아이 꾸러미 과학대회	창의력과학 아이앤아이 I&I
	수학 (단계별 영재교육)	수학, 과학	수학, 과학	수학, 과학	과학	과학
6세~초1	수, 연산, 도형, 측정, 규칙, 문제해결력, 워크북 (7권)					
초 1~3	수와 연산, 도형, 측정, 규칙, 자료와 가능성, 문제해결력, 워크북 (7권)	꾸러미	꾸러미 120제 수학, 과학 (2권)	꾸러미 48개 모의고사 수학, 과학 (2권)		
초 3~5	수와 연산, 도형, 측정, 규칙, 자료와 가능성, 문제해결력 (6권)				꾸러미 과학대회	I&I 3.4
초 4~6	수와 연산, 도형, 측정, 규칙, 자료와 가능성, 문제해결력 (6권)	꾸러미	꾸러미 120제 수학, 과학 (2권)	꾸러미 48개 모의고사 수학, 과학 (2권)	과학토론 대회, 과학산출물 대회, 발명품 대회 등 대회 출전 노하우	I&I 5
초 6	수와 연산, 도형, 측정, 규칙, 자료와 가능성, 문제해결력 (6권)	꾸러미	꾸러미 120제	꾸러미 48개 모의고사		I&I 6
중등		꾸러미	꾸러미 120제 수학, 과학 (2권)	꾸러미 48개 모의고사 수학, 과학 (2권)	꾸러미 과학대회	아이 아이
고등					과학토론 대회, 과학산출물 대회, 발명품 대회 등 대회 출전 노하우	물리(상,하), 화학(상,하), 생명과학(상,하), 지구과학(상,하) (8권)